基于森林生态系统管理的人工林多功能经营技术研究

韩海荣　康峰峰　程小琴　等著

U0309973

中国林业出版社

图书在版编目(CIP)数据

基于森林生态系统管理的人工林多功能经营技术研究/韩海荣，康峰峰，程小琴等著. –北京：中国林业出版社,2015.12

ISBN 978-7-5038-8326-2

Ⅰ. ①基… Ⅱ. ①韩… ②康… ③程… Ⅲ. ①人工林 – 森林经营 – 研究 Ⅳ. ①S725.7

中国版本图书馆 CIP 数据核字(2015)第 311215 号

出版 中国林业出版社(100009 北京西城区刘海胡同7号)

　　　　E-mail forestbook@163.com 电话 010 – 83143515

　　　　网址 lycb.forestry.gov.cn

印刷 北京北林印刷厂

版次 2015 年 12 月第 1 版

印次 2015 年 12 月第 1 次

开本 787mm×960mm 1/16

印张 14

字数 274 千字

定价 58.00 元

著者名单

主要著者：韩海荣　　康峰峰　　程小琴

著　　者：赵　琦　　周　彬　　张彦雷　　刘　可

　　　　　刘南希　　李　勇　　许雪洁　　纪文婧

　　　　　朱　江　　乌吉斯古楞　　　　王泺鑫

　　　　　王　甜　　马　臻

前　言

　　森林是陆地生态系统的主体，是维护和调节陆地生态系统平衡和改善生态环境的基础，是人类生存与可持续发展的保障。自从1992年世界环境与发展大会，特别是1997年第11届世界林业大会以来，林业的可持续发展和森林可持续经营问题成为各国发展林业的主题。此后，有关国际组织和国家又对森林可持续经营的标准和指标体系进行了广泛的讨论和研究，在许多方面都取得了重大的进展。世界自然基金会（WWF）2000年在其宣传手册《认证：世界森林的未来》中有这样的表述："要创造世界森林美好的未来，关键在于我们所购买的林产品是来自保证林区居民和动植物长期生态健康为经营目的的森林或经营良好的人工林。"随着社会、经济的发展，人类对资源尤其是工业用木材原料的旺盛需求，使得森林资源总量减少，林木产品供需矛盾加深和生态环境恶化，这严重地影响了经济的发展和人民生活质量的提高。森林已成为社会可持续发展不可缺少的重要因素，森林的重要地位和作用也正在形成共识。森林资源量的不断缩减和部分生态功能退减的现实，使得如何对森林进行保护、利用和科学合理经营正在成为当今关注的热点。

　　人工林最早出现在中欧，有200多年的发展历史。第二次世界大战以后，全世界人工林面积不断增加。截至2010年，世界人工林的面积有2.64亿hm^2，人工林是世界森林资源的重要组成部分，在生态环境的恢复和重建以及经济发展中发挥着巨大作用。我国是世界上发展人工林最为突出的国家，人工林面积居世界首位。我国人工林发展迅速，据《中国森林资源报告》的数据显示，中国人工林面积达0.69亿hm^2，占林地面积的33.17%。大力发展人工林是世界各国面对天然林和天然次生林日益减少所采取的共同的、长期的林业发展战略，人工林在森林资源的可持续发展中发挥着越来越重要的作用，因此，人工林的稳定性问题也受到林业工作者的高度重视。人工林生态系统是森林生态系统的一种类型，人工林稳定的内涵既具有一般生态系统稳定性的共性又具有本身的个性。人工林生态系统稳定性其实质是人工林的可持续性。人工林出材整齐一致、短期速生等优点使人工林在国民经济中占有极为重要的地位。但是人工林是人为控制下形成的生物群落，与天然林相比具有不稳定性。人工林经营中存在的各种问题曾使许多专家对人工林持怀疑和否定的态度。国际社会、各个国家以及政府和非政府组织都为解决人工林问题、实现人工林的可持续经营提出了一些倡议并采取了一系列的行动。基于生态系统管理的人工林多功能经营技术正是在这种背景下兴起和发展起来的。

　　本书针对基于生态系统管理的人工林经营技术对人工林多种效益的影响开展研究，取得了多方面的研究成果，我们想通过本书把人工林转变为生态公益林后的林分转换经营措施以及稳定结构的生态公益林经营模式奉献给读者，期望能为我国的人工林多功能经营模式提供借鉴。

　　本书包括了国家林业局 948 项目(2010-4-15)和国家林业公益性行业科研专项(201104008)等研究成果。由韩海荣教授带头完成，并得到了北京林业大学彭道黎教授、山西太岳山国有林管理局副局长王占勤等有关人员的大力支持与帮助，在此一并表示衷心的感谢！

　　由于作者水平和时间有限，书中疏漏和不妥之处在所难免，敬请读者批评指正。

韩海荣

2014 年 10 月于北京

目　　录

第一章 人工林多功能经营研究综述

第一节 森林多功能经营的理论基础

多功能林业就是在林业的发展规划恢复和培育经营和利用等过程中，从局地区域国家到全球的角度，在容许依据社会经济和自然条件正确选择的一个或多个主导功能利用并且不危及其他生态系统的条件下，合理保护不断提升和持续利用客观存在的林木和林地的生态经济和社会等所有功能，以最大限度地持久满足不断增加的林业多种功能需求，使林业对社会经济发展的整体效益达到持续最优的科学经营方式（陈峰等，2011）。

在过去几十年中，社会对森林的期望已经发生了根本性转变。今天，人们已经认识到森林拥有一系列广泛的生态、经济和社会功能，这些功能大体上可以分为支持功能（养分循环、土壤结构、初级生产）、供给功能（食物、淡水、木材、纤维和燃料）、调节功能（气候、洪涝、植物病害调节和水源净化）以及文化功能（美观、精神、教育和休闲）（Fisher 等，2002；杜闽佳等，2010）。各国社会尤其是经济发达国家对森林的要求日益增加，森林需求不再仅仅局限于林产品，多功能森林经营给林业从业人员带来的高度复杂性使林业科研人员和森林经营者面临巨大挑战，而在变化的气候环境下这些复杂性带来的挑战就更为严峻（李剑泉等，2011）。

一、森林多功能经营思想的形成

早在 19 世纪，德国著名森林经理学家尤代希就把森林纯收获分为狭义和广义两种，狭义指木材的收获量和经济效益，广义的还包括森林的防护功能、美化效果等社会效益，可见当时就认识到森林的多产品产出（郑小贤，2001）。1811年，德国林学家科塔（Cotta，1763~1844）将"木材培育"延伸"森林建设"，将森林永续利用的解释扩大到森林能为人类提供的一切需求，主张营造混交林，但是并未引起重视。1833 年，德国科学家科尔也曾批评针叶纯林造林运动，他指出："近年来由于灾害或目光短浅等原因，德国一直把健康和永续的阔叶林变为针叶林，这与大规模开发森林一样，至少使森林失去了应有的特征。"在 1849 年德国浮士德曼(Faustmann)的土地纯收益理论引导下,1867 年,奥拓·冯·哈根提出了著名的"森林多效益永续经营理论",认为林业经营应兼顾持久满足木材和其他林产品的需求,以及森林在其他方面的服务目标。哈根指出:"不主张国有林在计算利息的情况下获得最高的土地纯收益,国有林不能逃避对公众利益应尽的义务,而且必须兼顾持久地满足对木材和其他产品的需要以及森林在其他方面的服务目标……管理局有义务把国有林作为一项全民族的世袭财产来对待,使其能为当代人提供尽可能多的成果,以满足林产品和森林防护效益的需要,同时又足以保证将来也能提供至少是相同的甚至更多的成果。"

进入 19 世纪 70 年代,美国林业经济学家 M·克劳森和 R·塞乔博士等人提出森林多效益主导利用的经营指导思想,向森林永续经营理论提出新的挑战(王洪霞等,2001)。他们认为,"永续收获"思想是发挥森林最佳经济效益的枷锁,大大限制了森林生物学的潜力。塞乔等人对未来世界森林经营格局的看法,与欧洲一些林学家大相径庭。他们认为,全球森林是朝着各种功能不同的专用森林——森林多效益主导利用方向发展,而不是走向森林三大效益一体化。如澳大利亚、新西兰、智利、南非等国家,在森林多效益主导利用的经营体制下,一端是提供环境和游憩的自然保护森林;一端是集约经营的工业人工林,但该理论又被"新林业"理论所代替。1888 年,波尔格瓦创立"森林纯收益理论",指出应该争取的是森林总体的最高收益,而不是林分的最高收益。1898 年,德国林学家 Karl Gayer 针对大面积同龄纯林的病虫危害、地力衰退、生长力下降及其他严重危害,提出评价异龄林持续性的法正异龄林——纯粹自然主义的恒续林经营思想,瑞士 H·Biolley 把它付诸于异龄林持续性的评价活动中,并在实践中创造了森林经理检查法。

19 世纪末,德国采用高强度的平分采伐法经营森林,使得一些国有林场难以为继,出现了如树种单调、大面积同龄状态、过分依赖人工更新、森林对各种危害的抵抗力减小、土地退化、林分生长量减退等问题(李海山等,2005),研究人员在私有林中发现一些貌似天然林的复层异龄混交人工林分,树木生长旺盛,生态效益较好,经调查才知,这些是私有林主采取选树择伐的方式经营的结果,这引起了林业管理部门的关注,他们因此总结出近自然森林经营方法,并且在国有林中推广,发展为近自然林业。

1905 年,恩德雷斯在《林业政策》中又提出了森林多效益问题的"森林的福利效应",即森林对气候、水分、土壤和防止自然灾害的影响,以及在卫生和伦理方面对人类健康影响方面的福利效益,进一步发展了森林多效益永续经营理论,在二次大战前对世界各国林业经营指导思想产生了重大影响。1922 年,Moller 提出恒续林经营法则,要使森林所有成分(乔木、鸟类、哺乳动物、昆虫、蚯蚓、微生物等)均处于均衡状态,营造复层混交林,低强度择伐取代皆伐,在针叶纯林中引种阔叶树和下木。这一时期,多功能林业的理论框架已经形成。1933年,在德国正准备实施的《帝国森林法》中明确规定:永续地、有计划地经营森林,既以生产最大量的用材为目的,又必须保持和提高森林的生产能力;经营森林尽可能地考虑森林的美观、景观特点和保护野生动物;必须划定休憩林和防护林。也就是强调要使林业木材生产、自然保护和游憩三大效益一体化经营。后来因二战爆发,此法案未能颁布实施,但对以后的影响是深远的。Dieterich(1948)曾经说:"对古典的森林永续概念及其问题作详细研究后,可以看到多效用林业不仅关系到数量,而且关系到品种和质量;不仅关系到木材的产量和产值,而且关系到费用和收益;不仅有区别,而且有不同方向的延伸。这样,持续性不再仅仅关系到作为主要利用的木材,而且关系到林副产品,最后还涉及森林的多种效用(刘璨,2001)。"二战后,由于林业单纯追求经济利益和战争对经济的影响,造成了大面积森林的毁害,导致国家必须扶持林业,经营明显向总体效益转化,并由此产生了"林业政策效益理论"。这一理论是由德国林业政策学家第坦利希于1953年提出的,认为国家必须扶持林业,木材生产和社会效益服务是林业的双重目标第坦利希系统阐述了森林与社会其他方面的关系,提出了林业应服务于整个国民经济和社会福利的理论,林业研究应重视森林与人类的复杂关系,森林的作用不只是物质利益,更应重视它对伦理、精神、心理的价值。

20世纪60年代以后,德国开始推行"森林多功能理论",这一理论逐渐被美国、瑞典、奥地利、日本、印度等许多国家接受推行。1960年,美国颁布了《森林多种利用及永续生产条例》,利用森林多效益理论和森林永续利用原则实行森林多效益综合经营,标志着美国的森林经营思想由生产木材为主的传统森林经营走向经济、生态、社会多效益利用的现代林业。1975年,德国公布了《联邦保护和发展森林法》确立了森林多效益永续利用的原则,正式制定了森林经济、生态和社会三大效益一体化的林业发展战略(王宇滨等,2005)。Plochmann(1982)则把多种效益意义上的永续性延伸到森林生态系统的效益上。他认为:"永续性的出发点不应该是各种林产品的数量或产量的永续性、稳定性和平衡性,而是保持作为能发挥多种效用的森林生态系统。"Gartaner(1984)强调:"森林资源的持续性,不仅是自然科学的标志,而且是一种评价尺度。它是人类与森林生态系统打交道的行为准则。长期保持森林生态系统的多种效用以满足当代人和后代人的经济、社会和文化的需要。"

时至今日,多功能森林经营的一些理论问题仍是学术界讨论的焦点。在2010年召开的第23届国际林联大会中,国际林业研究中心(CIFOR)主办了主题为热带商品林的多功能森林经营分会,各国专家根据巴西、加纳等热带人工林经营研究进展，讨论了多功能经营方式，经营潜力评估，碳、木材、生物多样性等之间的关系，多功能森林监测体系，多功能森林经营面临的问题等议题。

国际林业研究中心专家希斯特等于 2010 年在巴西的研究发现，多功能森林经营在执行过程中存在许多限制因素：从技术上看，缺乏对森林资源的生长及生态影响等方面的认识，缺乏成功的模式和经验，没有成熟的经营方法；从经济方面看，与单一用材林比，有些林地立木的价值相对较低，经营成本却很高，经营的时间长；从组织方面看，没有形成多功能森林经营的专业组织，不同的利益相关者对多功能的意见不合，政府在支持上无从下手，同时还没有从法律上确立森林多功能经营的地位。许多专家还认为，不是每块林地都适用于多功能经营，森林功能是动态的和相互影响的，一种森林产品或服务的消费和使用会影响到其他的功能。

多功能森林经营的确立需要一定的社会经济条件。虽然森林天然具有多种功能禀赋，但多功能森林经营是取决于人的经营决策，人的决策只有在符合自然条件、经济条件、社会条件、技术条件可行的情况下，才是正确的。森林多功能经营在新西兰就经历了兴起和衰落的过程，新西兰林业联合会主席科克兰德在总结放弃多功能森林经营的原因时认为，资源的多功能利用问题与其说是技术和管理过程问题，不如说是政治问题，是多种力量博弈的结果。政府设计一个复杂的多功能森林经营体系来强行推给私人部门，这不符合市场规律，也不符合部分群体的利益诉求。

二、森林多功能经营的理论基础

森林多功能理论是人类全面认识森林的产物，是从木材均衡收获的永续利用到多种资源、多种效益永续利用的转变。森林多功能理论强调林业经营三大效益一体化经营，强调生产、生物、景观和人文的多样性。原则上实行长伐期和择伐作业，人工林天然化经营（李亚军，2008）。永续多项利用、多资源、多价值森林经营理论都属于多功能经营理论的范畴。森林多功能论的最大贡献就是承认非木材林产品和森林的自然保护与游憩价值绝不亚于木材产品的价值，而且随着社会需求的变化，后者对于人类的价值会日益增加并上升到主导地位。必须通过多目标经营，形成合理的森林资源结构和林业经济结构，最大限度地利用森林地多种功能造福于人类。

三、森林多功能经营研究关键技术

森林多功能经营技术就是在功能评价的基础上，结合社会经济水平和社会需求确立主导功能，通过改善林分的年龄结构树种组成和林层结构及密度调控技术针阔混交林培育技术生态采伐与采伐剩余物利用和处理技术低产低效林改造等关键技术进行森林多功能经营。森林的多功能经营技术主要包括 2 个方面的内容：对遭到破坏的森林，如何恢复其原有的功能；如何最大限度地发挥森林的主导功能（目标功能），同时其他附属功能也应该发挥相应的作用，针对不同的主导功能，森林的多功能经营技术也有所不同，各功能对林分结构及各种外界环境的要求也有所差异（任海等，2006）。

第二节 国外人工林多功能经营

一、人工林多功能经营历史进程

森林经营经历了由单一木材生产转向多功能经营的发展历程。18 世纪初，德国提出森林永续收获原则并广泛应用于木材收获和森林经营实践。18 世纪中期，认识到大面积人工针叶纯林的弊端，德国林学家提出了著名的"森林多效益永续经营理论"（崔启武等，1980）。18 世纪末，德国林学家提出恒续林经营思想，瑞士林学家在实践中创造了森林经理检查法，进一步发展为近自然经营。从 20 世纪 50 年代起，人们对森林的结构和功能有了新的认识，强调森林是一种多资源、多功能效益的综合体，在生产木材和林副产品的同时还要考虑森林生态功能和服务价值。20 世纪 60 年代以后，德国开始推行"森林多功能理论"，这一理论逐渐被美国、瑞典、奥地利、日本等许多国家接受推行。1960 年，美国颁布了《森林多种利用及永续生产条例》，标志着美国的森林经营思想由生产木材为主的传统森林经营走向经济、生态、社会多功能经营的现代林业。1975 年，德国公布了《联邦保护和发展森林法》确立了森林多效益永续利用的原则，正式制定了森林经济、生态和社会三大效益一体化的林业发展战略。

二、人工林多功能经营研究进展

从欧洲到北美，从大洋洲到日本，森林都在由单一功能经营向森林三大效益全面利用过渡。森林作为再生的、绿色的资源库和能源库，必将在转变发展方式、保障生态安全、缓解气候变化、改善林区民生和减少族群冲突促进地区稳定方面做出积极贡献。美、德和澳大利亚的多功能林业发展是发达国家森林经营思想转变和升华的一个缩影。总结和分析他们的成功经验，可以得出一些重要启示。

（一）多功能林业是全社会可持续发展的内在要求

发达国家的林业产值比重极小，一般占不到国民生产总值的 1%~2%（刘焕武，1996），但仍强调林业的物质生产功能，主要基于人类社会可持续发展对原料与资源、能源、环境、生态的特殊要求和天然、可再生的木材产品是最值得使用的原材料：①木材在建筑、家具、纸和包装材料方面具有环境友好优势。②木材可再生，加工过程中比金属、塑料等节能而更具市场竞争力，也是应对气候变化的最佳选择。③树木生长过程中提供木材的同时也提供了各种生态服务。比较材料的可获得性和环境友好性，木材是最能满足社会经济可持续发展需要的原料；同时，林业经济发展也为农村、地方经济发展与就业提供了巨大空间，这更是社会稳定的内在需要。因此，多功能林业强调林业三大效益一体化经营，是社会发展对林业提出的新要求，也是世界林业发展的新方向，是人类社会可持续发展的内在需求。

（二）生态经济发展是多功能林业经营的核心动力

发达国家多功能林业发展的成功经验告诉我们，要解决森林生态系统经营问题，还得靠发展林产业。这种森林生态保护式的商业利用属于生态经济发展模式，可以较好地解决兴林与富民、生态与产业、保护与利用的协调及兼顾问题。这也是林业经营思想的转变和升华，只要森林能做到生态系统可持续经营，扩大林产品使用范围和数量反而是森林保护的更好选择，要摒弃以钢（塑料）代木的限制木质产品使用的传统森林保护思维；更要改变把森林经济效益等于木材生产的思维，生态公益林同样有多种商业利用价值，不是所有生态公益林非要公共财政长期补助；生态建设需要同步考虑商业利用模式，澳大利亚的农场林业是我国生态建设的很好典范。

（三）公共财政扶持政策是多功能林业的制度保障

林业与农业都是农民的重要载体，需要国家在二次分配中予以重点保护；同时，也是提供公共物品的行业，需要国家公共财政的支持和扶持。发达国家的森林生态可持续经营，以森林经营技术为基础，分门别类并有针对性地给予政策扶持和措施支持以消化因保护森林而额外增加的生态成本。并且，多功能林业生态经济发展需要政府扶持政策使生态价值慢慢纳入正常经济活动中，而不是变成长期的公共财政负担。但是，长期以来我国林业缺乏完善有效的支持、扶持和保护体系。尽管近年来国家对林业的投入大幅度提高，但由于基础较差加上投资结构性缺乏，森林经营，特别是对成林抚育、服务林业经营的林道、生产灌溉用水电等基础建设，对林农有效引导的合作经济组织建设等多年来一直没有给予足够重视，缺乏经费支持和政策扶持。因此，借鉴发达国家经验，我国应尽快建立和完善林业公共财政支持保护体系，从森林经营、保护到利用全过程给予稳定的资金支持和税收扶持；同时，对于森林调查、经营方案设计以及开展森林可持续经营活动等也适当给予支持，从而形成有效的制度保障体系，促进我国多功能林业快速健康发展。

(四)森林经营技术标准是多功能林业的发展基础

发达国家在各级政府的林业政策下制定了各类森林的资源管理与经营技术规程，为各地选择最优森林经营模式和保护森林资源及发挥林业的多种功能奠定了基础。我国幅员辽阔、地区差异很大，需要分区分类施策，提高林业政策和技术措施在区域和类别上的针对性、在技术和经济上的可操作性、跨部门间与行业内以及政策与措施间的协调性；更需要宏观政策指导下的适宜于不同地区的森林资源管理制度及森林经营技术规程(俞肖剑等，2005)。因此，我国应该按照生态系统可持续经营要求，在可测量的现有科学技术认识基础上制定全国森林资源管理与经营指南，在森林经营技术规程中执行基于减少对环境影响的采伐理念的区域级或国家级的森林采伐作业规程，省级(地市级)根据区域特征制定适合当地林情的资源管理办法和森林经营技术规程，加强指导多功能森林经营的针对性、可操作性和协调性。

三、典型国家森林多功能经营

(一)澳大利亚森林多功能经营

澳大利亚是经济发达国家之一，也是人均森林资源丰富的国家。在社会对木材原材料需求大幅增长，经济社会发展对森林生态要求提高，农村、地方的经济和就业需求对林产业依赖性较大的情况下，近年来，澳大利亚林业正在从分类经营向多功能经营转变。

强化了人工林的生态服务和社会服务要求：制订中、长期人工林发展计划来增加森林资源，特别是发展兼顾生态与经济功能的农场林业来解决木材供给和农业土地生态问题；编制了可持续森林经营技术规程，统筹考虑保护生态系统和土壤结构对水质和水量的潜在影响以及森林的林龄、结构和健康状况等因素，保证森林经营尽可能减少对生态环境影响；鼓励长周期人工林经营，以此来增加就业岗位。

强化了天然林非木质林产品的商业开发：对不具有开发木材利用价值的天然林，进行以环境保护和娱乐游憩为主的生态旅游开发和长期科学研究利用；对于多用途天然林签订"地区森林协定"，在强调森林保护的前提下，开发森林全部价值，协调林业生产和自然保护之间的关系。

澳大利亚多功能林业经营思想的一个显著特征是：对每块森林实现以生态服务为基础的三大效益一体化综合经营。这既不同于多效益主导单一功能经营的分类经营，也不同于不区分生态服务为基础的传统多功能林业经营，而是一种在生态系统可持续经营指导下的多功能林业，本文称之为现代多功能林业。

以优化森林经营措施保证森林三大效益最大化。在对森林生态服务功能科学认识的基础上，澳大利亚根据地方生态服务需求特殊性、环境敏感性、经济可行性等原则，分类、分区优化地方森林经营作业规程，用规章制度管制经营措施来保证以生态服务为基础的生态系统可持续经营，具体表现在造林、经营与抚育、采伐等方面。

从欧洲到北美，从日本到澳大利亚、新西兰，森林都在由单一功能经营向森林三大效益全面利用过渡。在这些经济发达国家，林业产值所占的比重微小，如澳大利亚林业产值在其 GDP 中的比例不到 1%。在此情况下，发达国家仍要强调物质生产功能，这主要是可持续发展对原材料与资源、能源、环境、生态要求发生了很大变化，认定具有环境友好性、天然、可再生的木材产品是最值得使用的原材料：木材在建筑、家具、纸和包装材料方面具有环境友好的优势；木材是可再生资源，并且在加工过程中比金属、塑料、混凝土更节能，更具有市场竞争力，是应对和适应气候变化的选择；树木在提供木材的同时也提供了各种生态服务，如涵养水源、减少土壤侵蚀、控制盐渍化、吸收二氧化碳等，因此需要林业实现生态经济提供木材原材料。

另外，发达国家倾向于用多功能林业指导林业发展，是因为对林业经济功能的认识实现了两个超越。一个是森林提供木材与树木生长过程中的生态服务是相互关系而不是对立关系；另一个是从材料可获得性和环境友好性的比较角度分析，木材更能满足社会经济可持续发展需要。同时，林业经济发展也为农村、地方经济发展与就业提供了巨大贡献，这更是社会稳定的内在需要。因此，多功能林业强调林业三大效益一体化经营，是社会发展对林业提出的新要求，也是现代林业建设的方向，我国林业作为世界林业重要组成部分，发展多功能林业就是对社会的最大贡献。

澳大利亚目前森林经营的目标已经由以木材生产为主导，转变为优先满足环境、生态和社会等方面的要求，并据此在宏观层面上考虑木材生产；采取的营林措施强化了对生态系统保护的关注，强调必须统筹考虑其对土壤结构、水质等的潜在影响，以及森林的林龄、结构和健康状况变化等因素。

澳大利亚的森林经营模式，在名称上并没较大的变化，仍然是人工更新、天然更新、定株伐、群状择伐、皆伐、间伐等。但其内容已经发生了很大变化，在实施过程中注重与生态学、经济学、社会学等现代科学成果相结合，具有了可持续经营特点。笔者将其归纳为 8 种模式：①分类经营：通过限定木材出口额度和区域林业协定(RFA)两个政策工具推行分类经营。采取的具体措施包括：划定分类经营区，合理确定保护、利用的空间格局；鼓励发展人工林，满足林产工业的木材需求；促进开展森林多功能利用，充分挖掘森林的潜力；划为保护区的森林与国有森工企业脱钩，在管理体制上完全分开。②拟态经营：对天然林的经营方式和过程尽量模拟自然生态过程。对人工林的经营则模仿农业生产过程，采取高度集约化的生产方式和高强度的经营措施，以取得较高的经营效率。③健康经营：维护森林健康是目前澳大利亚森林经营考虑的重点。一是经营的目标是培育健康的森林。在林分层次上，通过实施定株采伐和块状皆伐形成结构多样的异龄林，通过皆伐形成健康的、同龄的次生林。在景观层次上，通过实施采伐促进更新和幼林生长，保留可能为野生动物提供栖息环境的树木和作为野生动物迁移廊道的森林，统筹考虑保护顶级森林群落，形成健康、混交、异龄格局的森林景观，维护森林稳定性和多样性，以及生产的可持续性。二是经营措施无害化。开展伐前野生动植物调查，并据此制定适宜的作业方法。在林区设立定位观测站，监控森林经营活动对环境的影响。从保持森林生态景观的连续性角度考虑更新方式。④经济经营：在澳大利亚，森林经营活动决策取决于对经营方式和经营对象的经济可行性分析，即经营方式的选择考虑合理的商业利润，对经营的对象要进行市场价值分析，根据市场效益最大化原则进行后续加工利用。⑤多目标经营：在澳大利亚，森林采伐前不仅要调查采伐树木的情况，还要调查伐区内及周边其他物种的情况，甚至要调查土著居民和欧洲移民文化点。在此基础上，确定合理的经营方案，同时满足保护文化或自然遗产、开展生态旅游及生态教育、延长产业加工链和扩大就业等需要，充分开发森林的多重功效。⑥社会化经营：对国有林或国有土地上的造林、经营活动，都有比较广泛的社区参与。社区参与森林经营，这其中民间非政府组织起到了积极的作用。另外，还有专业公司介入森林经营。澳大利亚国有森工企业实际上是管理型的企业，具体的森林经营等生产活动主要有专业公司来承担。塔州林业公司管理 150 多万 hm^2 的森林，但只有 500 多名雇员，而与之签约的专业经营公司有 1400 多个，涉及大约 10000 人。⑦认证经营：在泛欧体系的基础上自主开发了森林认证体系，该体系与泛欧体系互认。目前，澳大利亚已经建立的标准体系有：澳大利亚林业标准（AFS，AS4708），包括 9 个方面的 40 个指标；销售链标准（CoC，AS4707），涉及产品供应的 10 个环节。澳大利亚国有林的认证工作已经开展，其与现代国际市场体系对接的实现，大大提高了澳大利亚林产工业的国际竞争力。⑧安全经营：在森林经营中非常注意工作人员的人身安全，对营林的装备、人员服装都有相关的技术要求，在很多工作场合都印有相关的标志和提示语。

（二）日本森林多功能经营

日本森林法对人工林分成为人工单层林和人工诱导复层林，对于两种林分对更新措施选择不一，对人工单层林实行一次性皆伐；对人工诱导复层林实行择伐，使之形成并维持复层林状态。随着日本国内对生态环境的重视，也随着日本国内一系列的支持政策，择伐人力成本问题得到缓解，加上人工诱导复层林所培育出的大径材的需求上升以及价值分化越大，以及一些山区基于生态灾害防范考虑，人工诱导复层林及其择伐更新已经成为过国有林和私有林的主流选择。考察所到的智头林业、速水林业以及储户林业基本其经营面积的80%采用人工诱导复层林择伐更新方式。

1. 林分结构调整技术

从日本人工林经营研究结果来看复层林具有众多优点，其主要变现为：①能充分利用阳光，增加森林总产量和蓄积量。②能抑制下层木的生长，可培育出优良材（主要是年轮窄、致密、材质优良）。③大径材、小径材能同时由同一林分生产出来。④择伐林能保证林业生产的永续性。⑤能调整林地光照条件变化，为不同光照需要物种提供的适宜生境，也能一定程度抑制林下杂草生长，节省更新所用经费和劳力。⑥造林年度及收获时期不同，使林业生产富有弹性，劳动力调配较灵活。⑦复层林有上层木庇护，下层木可免遭或减轻自然灾害（主要是风寒害）的危害。⑧复层林根系分布合理，能保护林地，维持林地生产力。⑨复层林能充分发挥森林的多种效益。

复层林诱导形成主要技术理论基础有：①林内光照的调节。复层林因有上层木和下层木之分，所以为保证下层木生长所必需的光照条件，就得对上层木进行适当的修枝和间伐作业。因此，应从立体（上层木与下层木）上考虑森林的培育，合理调节林内光照。表示林内光照状态常用相CK度。林内相CK度主要受上层木的立木密度和枝下高的影响。林分疏密度的大小直接影响到林内相CK度的高低。疏密度低（立木密度小），则林内相CK度高。复层林培育所必需的林内相CK度至少得20%，所以可将上层木的疏密度调至0.5左右即可。②林内照度与幼树生长。复层林的下层木，由于相CK度低，生长受到抑制，而这种生长抑制效果，反而能使未成熟的林木形成优良材。单层林培育成的林木与择伐林培育成的林木直径生长方式是截然不同的，从中看出，日本扁柏和日本柳杉的幼树，如在2%~3%的相CK度（相当于无间伐林分的照度）下生长，就会逐渐枯死，随着相CK度增大，生长量增加，而当相CK度达20%以上时，就会出现照度与其他主要因子复杂的交互作用。要确保树高20cm左右的年生长量，需把相CK度调至20%左右才行。因此，一也可以通过测定下层木年生长量的办法来调整上层木的密度或采取修枝等措施。

复层林培育的技术要点主要包括复层林培育的条件和培育方法。

复层林培育的条件：①靠近林道的林地，抚育及采伐作业省力。②需具备较高的林业技术：修枝、采伐及集材技术等。③深证劳动力使用的永续性：应从长远上考虑安排抚育作业的劳动力。④以生产优良材为目标：复层林的下层木生长受到抑制，年轮狭窄、致密，能生产出优良材。

复层林培育的方法：

（1）单层林复层林化主要有 3 种方法。①伐去部分林木，一边维持保留的上层木的材积生长和形质，一边培育下层木。②把优良木作为上层木保留下来，培育下层木。③伐倒优势木，培育下层木。的栽植株数以所需要的最低限为好。

（2）在成林过程中复层林化利用树种种间的生长差别诱导成复层林。例如，把扁柏造林地内侵入的赤松培育成上层木，或采用不同树种的混交栽植。培育复层林，最简便的方法是将单层林变为复层林，择伐林则是在由二层林向三层林更替进而向多层林演替的过程中培育出来的，所以择伐林的形成需要很长时间。

（3）复层林的下层木栽植。复层林的下层木何时栽植，伸缩性较大。不过，因为需要采伐上层木，所以通常在上层木达到可以利用的径级时栽植下层木比较有利。关于下层木的栽植密度问题，一般认为应为采伐株数的 10、20 倍，二层林的下层木与单层林不同，即使下层木未达到闭锁状态，也能生产出优良材，所以下层木普遍认为，下层木的栽植株数可按每公顷 2000 株的基准上下做适当调整比较合理。

（4）上层木的株数调整培育二层林，上层木的株数保留到多少合适，因上层木的枝下高不同而异。如前所述，将上层木的疏密度调至 0.5 左右为适度。实际应用时，还应根据现实林分状况作出正确判断。

（5）复层林的下割作业，复层林的优点之一是下割省力。林内光照增大时，下草就会繁茂生长，所以要调节好下层木的生长与下草繁茂的关系。为便于下割作业，按下列标准进行林内照度调节。人工幼龄林：林内相 CK 度 20% 以下；人工壮龄林：林内相 CK 度 25% 以下；天然阔叶林：林内相 CK 度 30%~40%。

2. FSC 森林认证技术

自 1992 年联合国环境与发展大会以来，可持续发展的理念得到国际社会的广泛认同，森林可持续经营成为世界各国林业发展的一致目标。此后的 10 多年时间里，创立了一系列认证体系，其中主要的有 FSC 和 PEFC（森林认证体系认可计划）。1993 年成立的森林管理委员会体系（FSC 体系）是最早的全球性森林认证体系；1999 年成立的森林认证体系认可计划委员会（PEFC 委员会）是使各个国家或独立发展森林认证体系相互承认的一个伞形组织。森林认证作为促进森林可持续经营一种有效的市场机制，逐步得到国际社会的认可和支持，在世界范围蓬勃发展。森林认证工作兼顾了森林资源培育和利用全过程的环境、社会和经济效益，具有推动森林可持续经营和促进林产品市场准入两个重要作用。从所考查的"智头林业、储户林业、速水林业和熊野林业来"，全都参加 FSC 森林认证。在日本国内市场上和森林有关的产品都能看到醒目的 FSC 标识。从速水林业经营管理流程看，FSC 森林认证基本贯穿整个森林经营过程，同样森林认证为其产品提供良好的销售回报。

第三节　我国人工林多功能经营现状及存在问题

一、国内人工林多功能经营现状

我国的人工林营造始于 20 世纪 60 年代。自 20 世纪 90 年代开始，造林力度的进一步加大，以及一系列重点林业生态工程，使得我国人工林面积目前已居世界首位。但是，由于多年来一直缺乏正确的理论指导，以及偏重短期的生产力和经济利益，致使许多人工林都培育成了低质、低产林。大量的研究表明，人工林的经济效益与生态防护功能都远远低于天然林。

我国早在 20 世纪 50 年代开始就有了一整套人工林经营的理论和方法，以木材生产为主的经营目的，一直延续至今的法正林理论和编制总体设计经营方案的经营方法一直是我国人工林经营的理论基础（王志杰等，2013）。直到 20 世纪 80 年代开始的木材生产与生态保护相结合的经营目的，导致了法正林、近自然林、小班经营等理论的广泛应用，到目前已发展为木材生产、生态环境保护、森林文化建设、森林保健、森林旅游等多种效益的森林经营目的，从而产生了生态系统的可持续经营理论。森林经营理论的发展为人工林经营开辟了广阔的实践空间。

二、存在问题

与国际同类研究比较，我国长期以来缺乏科学的理论指导和实用的可持续经营技术，过分重视和追求经济利益，轻视树种、立地条件选择，偏离了森林生存和发展的内在规律，导致人工林面积不断扩张而质量却明显下降。许多人工林出现病虫害加剧、地力衰退、生物多样性下降以及生态效益、经济效益低等问题。具体归纳如下：

（一）经营方式粗放

由于我国造林技术比较传统，没有及时改进技术，增加人工林经营科技含量，造成林地物质循环失衡，地力衰退严重（王慧等，2008）。比如黄土高原刺槐林不注重营造混交林，根际土壤出现干层问题、扩大阔叶林和林分抚育改善森林的层次结构、采伐措施不当，对林地土壤的理化性质产生有害影响（张鼎华等，2001）。在收获时，又实行皆伐、枝丫全部带走，养分元素不能归还林地，导致土壤养分大量消耗，肥力下降（张昌顺等，2005）。粗放的经营方式，造成林地物质循环失衡，地力衰退严重，是导致人工林质量低下和不稳定的重要原因。

(二)生产力低下

根据全国第五次(1994~1998 年)森林资源调查结果我国森林资源的质量普遍不高。林分蓄积量为 78.06 m^3/hm^2，只相当于世界平均水平的 70%；林分年生长量为 3.36 m^3/hm^2，仅为林业发达国家的 50%。特别是人工林的质量差，单位面积人工林蓄积量仅为 35 m^3/hm^2，成熟人工林的蓄积量为 71.55 m^3/hm^2，只有成熟天然林的 41%，与国外人工林蓄积量(300~600 m^3/hm^2)相比，差距悬殊。杉木是我国南方重要的造林树种，根据全国第四次森林调查(1989~1993 年)，我国杉木林面积已达 900 万 m^3/hm^2，占全国人工林面积的 24%，其在我国人工林发展中占举足轻重的地位，它的生长量是能代表我国人工林生长情况的。全国杉木林蓄积是 37.6 m^3/hm^2，主产省是 23.5~58.7 m^3/hm^2 以福建省为最高，年均生长量(以近熟林为准)全国为 3.2 m^3/hm^2，主产省为 2.4~6.6 m^3/hm^2，也以福建最高。此外，马尾松林全国平均蓄积量为 21.1 m^3/hm^2，年生长量为 1.8 m^3/hm^2，柳杉全国平均蓄积量为 33.6 m^3/hm^2，柏木全国平均蓄积量为 31.3 m^3/hm^2，平均生长量为 1.7 m^3/hm^2

据《世界林业动态》(李星，2007)2007 年 10 月 30 日资料，日本针叶树人工林蓄积量为 227.97 m^3/hm^2，柳杉为 295.83 m^3/hm^2，松类为 192.05 m^3/hm^2。阔叶树人工林蓄积量为 142.29 m^3/hm^2，天然林为 127.42 m^3/hm^2，综合蓄积量(针阔、人工林、天然林)为 170.59 m^3/hm^2。由此可以见，我国人工林的生长量是很低的，人工林造林质量的总体水平比较差。虽然我国人工林面积大、比重高，但却不能取得大量用材以满足市场日益增长的对木材的需求，扭转木材供不应求的局面。

(三)纯林面积大，林分结构单一，针叶化严重

人工林常由一个树种甚至一个无性系组成，这在我国表现得十分突出。迄今为止，从南到北主要为杉木、桉树、马尾松、杨树、湿地松、火炬松、华山松、云南松、泡桐、刺槐、日本落叶松等 10 多个树种大面积栽培。人工林面积较大的优势树种仅为杉木、马尾松和杨树 3 个。人工造林以针叶树为主，在南方各省阔叶树人工林面积不及 5%。虽然我国有十分丰富的树种资源，但未能得到合理的开发利用。在人工林栽培中，为了获得更多的林木蓄积量和经济利益，栽植密度普遍偏大，林下植被和可更新的阔叶树发育很差，盖度很低。一般培育周期较长的杉木林和马尾松林也要在中龄林林冠逐渐疏开后林下植被才得以生长，约在近熟林以后才能较快发育，形成乔灌草多层的群落结构。因此在近熟林以前，一

般人工林群落结构是单一的(周霆等,2008)。

(四)病虫害日益加剧

近些年每年病虫害发生面积达 867 万多 hm² 之巨(闫峻和才玉石,2006)。据《中国林业年鉴2005》,2005 年全国主要林业有害生物发生面积 946 万 hm²,松毛虫发生面积 125.6 万 hm²,杨树食叶害虫发生面积 61.3 万 hm²,杨树蛀干害虫发生面积 61.3 万 hm²(国家林业局,2005)。全国范围内大量发生的森林病虫害有 200 多种,经常造成灾害和损失的有 100 多种(朱光旦等,1999)。

(五)地力衰退严重

我国杉木、桉树、落叶松、柳树和杨树等树种连作引起地力退化(周霆等,2008)。研究表明:20a 生杉木林分,二、三代比一代平均胸径下降 10.6% 和 31.4%,平均高生长分别减少 22.4% 和 40.6%,蓄积分别下降 14.8% 和 64.29%(陈龙池等,2004)。据余雪标、徐大平调查,连栽桉树人工林平均单株生物量和林分生物量也是逐代下降的,林分生物量二、三、四代相应下降 19.6%、26.2% 和 44.6%(余雪标等,2001)。

(六)生物多样性下降,景观多样性差

人工林树种组成单一,群落结构简单,遗传基因窄化日趋严重,同时人工针叶纯林使土壤酸化,很难形成乔、灌、草和谐丰富的植物群落,所以其丰富度和多样性都比天然森林低。我国除杨树、泡桐等一些人工林发展于平原地区外,多数在山区丘陵区种植,而且多是在毁坏了原生植被或次生植被的基础上发展起来的,特别在南方,如杉木人工林不少是在常绿阔叶林被砍伐后造林的,在发展人工林前杉木基地生态系统和景观多样性是非常高的。如贵州梵净山的低山常绿阔叶栲树林共有维管束植物 407 种,分属 85 科、198 属,参与构成乔木层的有 182 种、灌木层的有 61 种、草本层的有 69 种。整个低山地区有 17 个森林类型,在整个梵净山有 44 个森林类型。可见南方地区在人工林种植前,森林生态系统的复杂性和景观多样性是很高的。但目前大面积集中连片的人工林使种植区域生物多样性严重降低,景观也变得很单一。

(七)森林火灾潜在危险大

由于人工林树种特别是针叶树林分的同质性与地域上集中连片,加上缺少防火树种混交,大大增加了人工林火灾预防的难度潜在危险。

综观我国已有的技术现状,多是针对某个或某类功能,未考虑多种功能间相互关系,未定量揭示变化环境下森林结构对与多种功能的影响,整体上尚未真正形成支持"多功能林业"的森林多功能经营技术。因此,需在充分吸纳相关学科进展的基础上，通过对森林多功能经营技术的研究与开发，建立适合我国国情、林情的森林多功能经营技术体系及其试验示范区，发展森林多功能经营的理论和方法，提出我国主要森林类型的多功能评价的标准、指标体系及可操作的经营对策，促使森林资源得到合理的保护、恢复和扩大，有利于提高我国森林生产力和生态服务功能，增强抗灾能力，增加森林碳汇，在森林多功能经营的理论与技术方面赶上乃至超过世界同类研究的国际水平(刘于鹤，1989)。

三、我国开展人工林多功能经营的背景

我国对森林经营技术的研究，大致可分为 4 个阶段。

20 世纪 50 年代到 70 年代前期，主要受苏联经营管理模式的影响，对原始林的主要经营活动是森林区划和资源清查、大面积开发利用(皆伐)；对次生林的研究主要是次生林的成因等一些单项技术。20 世纪 60 年代在长白山和小兴安岭林区开展了东北阔叶红松林择伐方式的实验，对合理确定采伐木和保留木的径级标准和过伐林的生长过程、自然稀疏过程及其心腐规律进行了研究，提出了采育择伐作业是阔叶红松林合理的采伐更新方式。

20 世纪 70 年代建立了全国森林资源监测体系，在看到前 20 年的高强度采伐引起的森林质量急剧下降，又引入国际兴起的森林多功能、多效益和多目标利用的概念，提出的采育兼顾伐、采育择伐等作业方式。如在东北小兴安岭带岭林区进行了阔叶红松林结构和天然更新规律的研究。对东北东部天然次生林的组成、结构、功能、生产力和林分经营以及种群动态和演替规律开展了系统研究，采取了"栽针留阔""栽针引阔"和"栽针选阔"等有效方法，简称栽针保阔动态经营体系，藉以改变次生林的群落结构和组成，使人工改变和自组织过程融为一体，成为天然和人工相互交融的针阔混交林。

20 世纪 80 年代，由于可采森林资源锐减，木材供需矛盾突出，主要研究集中在人工林的培育上，形成了杨树、杉木、马尾松等主要人工用材树种的培育技术。

20 世纪到 90 年代以后，由于森林分类经营和林业生态工程的实施，研究的重点主要集中在林业生态工程的构建技术和商品林培育利用技术等方面，形成了天然林保护、资源综合监测和可持续经营技术以及商品林定向培育及高效利用技术。

第二章 研究区概况

第一节 自然地理概况

一、地理位置

太岳山国有林管理局林区地理坐标为东经111°45′~112°33′，北纬36°18′~37°05′。东西宽60余km，南北长约70km。隶属太岳山国有林管理局管辖，是山西省主要林区之一，也是实施"天保工程"的重点区域。太岳山国有林管理局是同级别建立最早的林业管理单位，辖区跨涉晋中、长治、临汾三市的平遥、介休、灵石、沁县、沁源、屯留、霍州、洪洞、安泽、古县等县市。

二、地形地貌

太岳山分布于山西省境内，山系为南北走向，森林资源丰富，水源充足，是山西省包括沁河和汾河在内，多条河流的分水岭。马泉林场境内海拔为800~1400 m，属于中低山区。基岩以花岗岩、石灰岩、页岩、砂页岩为主。地势西南低东北高，沟谷纵横，群山起伏。

三、水 文

太岳山国有林管理局林区按地形地貌可分为三大片。属于黄河一级支流沁河两岸的林场有将台、灵空山、龙门口、赤石桥、侯神岭、龙泉、马泉、马西、伏牛山9个林场和灵空山自然保护区。沁河发源于沁源县霍山南麓，属于太岳山国有林管理局经营范围，沁河全长456km，流域面积12900km²。在山西境内长363km，流域面积9315km，沁河是山西省内仅次于汾河的第二大河流。沁河支流大于25km的有30条，总长度1029km，较大支流丹河、紫红河、赤石桥河、沁水河等13条。属于汾河一级支流两岸的林场有绵山、介庙、石膏山、小涧峪、青岗坪、七里峪、兴唐寺、北平、大南坪9个林场，其中有龙凤河、七里峪河、仁义河、大南坪河等河流，从东向西注入汾河。另还有王陶、好地方林场两个林场属于黄土高原水土流失严重地区。

该区气候属暖温带半干旱大陆性季风气候，年平均气温 8.6℃。该林区四季分明，春季多风，降雨主要集中在 7、8、9 三个月内，占全年降雨量的 60% 以上，相对湿度 60%~65%，年平均降水量 662mm。年均日照 2500~2700h，年平均无霜期 179 天。随着海拔升高，气温降低、降雨量增加，海拔每增高 100m，气温降低 0.5℃，≥10℃ 积温减少 13~15℃，无霜期减少 5~7 天，降雨量增加 30.4mm。

四、气　象

太岳山国有林管理局林区气候属暖温带大陆性季风气候，具有一年四季明显，冬季少雪干旱，春季多风干燥，夏季雨量集中的特点，气候温和干燥，年平均气温约 8.3℃，日均温 ≥10℃ 的年积温 2700℃ 左右，年降水量 650mm，多集中在 7、8 两个月，年日照 2600h，无霜期 125 天。主要气候灾害有大风、冰雹、春旱等。

五、植　被

太岳山国有林管理局林区现有森林面积 3719.4hm²，其中有林地 2774.6hm²，覆盖率 74.6%，未成林造林地 33.1hm²。全场森林总蓄积 12.79 万 m³。油松人工林占森林面积的 95.2%，以中、幼龄林为主。优势树种为油松，灌木主要有酸枣（*Ziziphus jujuba*）、胡枝子（*Lespedeza bicolor*）、杠柳（*Periploca sepium*）、沙棘（*Hippophae rhamnoides*）、黄刺玫（*Rosa xanthina*）等，草本层的主要代表植物有薹草（*Carex tristachya*）、羊胡子薹草（*Carex rigescena*）、小红菊（*Dendranthema chanetii*）等。

六、土　壤

林地土壤多为褐土和棕壤，局部有亚高山草甸土。土壤肥沃，有机质含量较高。马泉林场土壤主要以淋溶褐土为主，还存在少部分的褐土，淋溶褐土面积占 62%，有机质含量较高，土壤肥沃。

第二节　森林资源现状

一、林业用地

太岳山国有林管理局林区为我国暖温带落叶阔叶林的典型代表地区之一。总经营面积 15.95 万 hm²，其中林业用地中，有林地面积 12.20 万 hm²，占林地总面积的 76.50%；疏林地面积 0.72 万 hm²，占林地总面积的 4.51%；灌木林地面积 1.90 万 hm²，占林地总面积的 11.91%；未成林地面积 0.59 万 hm²，占林地总面积的 3.70%；无立木林地 0.16 万 hm²，占林地总面积的 1.00%；无林地 0.15 万 hm²，占林地总面积的 0.94%；辅助生产用地 40.40hm²，占林地总面积的 0.03%；宣林地面积 0.22 万 hm²，占林地总面积的 1.38%；苗圃地面积 40.70hm²，占林地总面积的 0.03%。

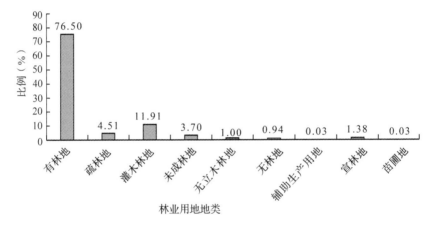

图 2-1　太岳山国有林管理局林业用地地类组成及比例

二、林分资源

根据太岳山国有林管理局 2005 年森林资源二类调查和 2007 年数字生态规划的森林资源数据以及 2011 年新增信义和杨家庄两个林场的数据统计结果，太岳山国有林管理局活立木总蓄积量为 666.25 万 m³。其中，有林地蓄积量为 646.31 万 m³，占活立木总蓄积量的 97.00%；疏林蓄积量为 19.94 万 m³，占活立木总蓄积量的 3.00%。人工林总蓄积量为 173.68 万 m³，占林分总蓄积量的 26.07%。天然林总蓄积量为 472.62 万 m³，占林分总蓄积量的 73.93%。用材林蓄积量为 17.44 万万 m³，占林分总蓄积量的 2.62%。森林覆盖率 76.40%。其中主要树种为油松（*Pinus tabulaeformis*），华北落叶松（*Larix principis - rupprechtii*），辽东栎（*Quercus wutaishanica*）等。

第三节　社会经济概况

一、行政区域

太岳山国有林管理局位于山西省腹地，太岳山西麓，北距平遥古城 80km，南离临汾市 100km，东至上党名城长治市 120km，西至古霍名郡霍州市 20km，地域跨涉晋中、长治、临汾 3 个市，总面积 $60000hm^2$。

二、土地现状与利用结构

马泉国有林场经营总面积 $3985.0hm^2$，林木总蓄积 $208110m^3$。有林地全部为生态公益林。其中林业用地面积 $3976.6hm^2$，占 99.8%，非林地面积 $8.4hm^2$，占 0.2%，森林覆盖率 74.7%，有林地面积 $2945.1hm^2$。主要乔木树种为油松、辽东栎、刺槐等，灌木种类丰富有黄刺玫、沙棘、连翘、绣线菊、山桃等。经营区内林地立地条件较好，发展生长潜力巨大，占林业用地面积的 74.8%。有林地全部为生态公益林。

三、地方经济

该区域以农业，交通运输业为主，经济相对较落后，人均年收入 3000 元左右，主要农作物包括谷子、豆类、玉米、薯类等，当地居民生活比较艰苦，但对于从事林业生产有着相当丰富的劳动力和营林经验。除了农作物收入以外，当地居民其他的方式主要是林业生产活动以及食用菌和药用植物的采集，当地林场在忙季一般都会雇佣当地农民进行短时期的林业生产活动，这不仅能够增加他们的收入而且增强了居民建设林业的信心和积极性，林业在当地社会和经济的持续发展占有很重要的位置。

第三章　研究内容与技术途径

第一节　研究内容

本书以暖温带油松人工林为研究对象，采用样地调查、定位观测和密度调控试验相结合的技术路线，对油松人工林生物多样性特征及森林结构调整、对油松人工林水源涵养、固碳释氧和土壤碳排放的影响进行研究。主要研究内容有：

(1)通过对油松人工林林下植物群落进行调查，采用典范对应分析(CCA)，探讨油松人工林林下物种分布与环境因子之间的关系。

(2)对森林生态系统的碳储量进行了研究。采用每木检尺及标准地法，对森林群落的基本结构特征进行了调查，借助二元材积表，计算了群落内乔木的材积，通过生物量转换因子法，估算了乔木的碳储量；钻取了 $0 \sim 20cm$ 土壤样品，分析其有机碳含量，计算出表层土壤的碳储量。分析了不同林龄油松人工林生态系统碳储量。

(3)通过对 $2011 \sim 2012$ 两年生长季 $5 \sim 9$ 月的降雨监测，从林冠层、枯落物层和土壤层三个层面的林分降水特征，对比不同密度油松人工林林分之间林冠层、枯落物层以及土壤层截留降水以及地表径流的差异性，分析了山西太岳山林区油松人工林的生态水文效应，评价该地区油松人工林的生态水文作用。

(4)利用 Li-6400 便携式光合测定仪对太岳山林区油松人工林进行以下研究：①生长季不同时期影响油松光合作用的关键生态因子。②油松人工林冠层针叶光合特性的空间异质性。③密度调控对油松人工林针叶光合作用的影响。

(5)采用 Li-8100 土壤 CO_2 通量测量系统，对不同密度的油松人工林连续 2 年生长季土壤呼吸及各组分和土壤温、湿度观测，研究了土壤呼吸及各组分随林分密度变化的特征，分析了土壤呼吸及各组分的影响因素，探讨了土壤呼吸对密度调控的响应。

(6)以样地指标实测为主体，应用层次分析法，建立了油松人工林多功能常规评价体系；并结合森林资源二类调查数据，在油松人工林多功能常规评价指标体系的基础上构建了油松人工林多功能快速评价指标体系，对山西太岳山国有林管理局各油松人工林进行了快速评价。

第二节　研究技术路线

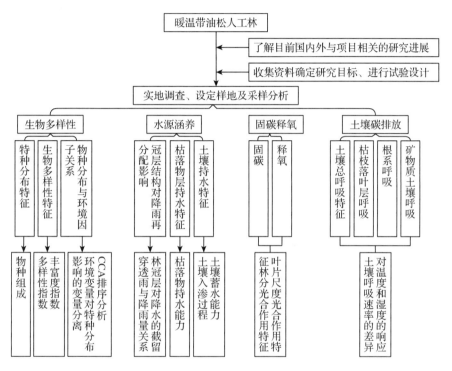

图 3-1　研究的技术路线图

第三节　研究方法

一、资料收集与野外调查

（一）样地选择与设置

研究区位于山西太岳山国有林管理局马泉林场宋家沟，近熟林林龄在 40 年以上，于 20 世纪 60 年代种植，后经过两次人工抚育更新形成的；中龄林林龄在 20~40 年，于 1978 年开始大面积种植，后来经过两次人工抚育更新形成的；幼龄林林龄为小于 20 年，于 1994 年开始大面积种植，其未进行人工抚育，林分密度较大，林内自然整枝现象明显，林下植被稀少。油松人工林按坡向、坡位、年龄选择具有一定代表性的样地，为减少抽样误差，一般进行 3 次重复。

本研究采用典型样地调查方法，样地设置主要考虑林龄和地形等因子，在研究区内不同坡向、坡位、林龄的典型地段设立调查样地。2010年7月，在宋家沟集水区内，沿着山沟，在山沟的两边即阴、阳坡面上，共设置了个42个调查样地。同一坡面样地分别分布在上、中、下坡位。若坡面小，则只在坡中布设样地。每个样地使用经纬仪、测绳打出的20m×30m样地边界，然后用玻璃绳在样地内拉出个4×6=24小样地(5m×5m)。共设置了42个样地。2011年7~8月，对样地进行每木检尺，记录样地内所有胸径(DBH)≥1cm木本植物的种类、胸径、树高、冠幅、枝下高、生长状况及其坐标位置，并给每株树木标记。样地基本信息见表3-1。

表3-1　样地概况

样地编号	年龄	密度（株/hm²）	平均胸径（cm）	坡度（°）	坡向	坡位	海拔（m）
1	近熟林	1900	13.2	24	阴坡	中部	1242
2	中龄林	1350	13.4	19	阳坡	下部	1256
3	中龄林	1733	11.7	20	阳坡	中部	1265
4	中龄林	1783	12.1	11	阳坡	上部	1279
5	中龄林	1783	12.6	21	阳坡	上部	1287
6	中龄林	1700	12.2	23	阳坡	中部	1260
7	中龄林	1283	13.3	24	阳坡	下部	1240
8	中龄林	1600	12.7	19	阳坡	下部	1252
9	中龄林	1800	12.3	22	阳坡	中部	1258
10	中龄林	3533	9.2	18	阳坡	上部	1271
11	中龄林	2250	11.2	30	阳坡	上部	1256
12	中龄林	1517	12.8	21	阳坡	下部	1232
13	中龄林	2183	11.2	15	阴坡	下部	1235
14	中龄林	2533	11.3	23	阴坡	上部	1248
15	近熟林	1783	15.3	33	阳坡	下部	1231
16	近熟林	2100	15.9	25	阳坡	上部	1247
17	幼龄林	3950	7.4	34	阳坡	上部	1231
18	幼龄林	3017	8.1	28	阳坡	上部	1229
19	幼龄林	3050	6.6	31	阳坡	上部	1217
20	幼龄林	2683	8.2	28	阳坡	下部	1199
21	幼龄林	2917	8.4	33	阳坡	下部	1209
22	幼龄林	2350	8.3	28	阳坡	下部	1203
23	幼龄林	5783	7.4	21	阳坡	下部	1176

（续）

样地编号	年龄	密度（株/hm²）	平均胸径（cm）	坡度（°）	坡向	坡位	海拔（m）
24	幼龄林	6533	7	30	阳坡	下部	1180
25	幼龄林	5900	7	28	阳坡	下部	1185
26	幼龄林	5317	6.9	25	阳坡	上部	1191
27	幼龄林	6317	7.1	33	阳坡	上部	1197
28	幼龄林	6133	7.1	23	阳坡	上部	1202
29	近熟林	1150	15.8	22	阴坡	下部	1226
30	近熟林	1167	17.1	25	阴坡	上部	1247
31	中龄林	1883	12.6	22	阴坡	下部	1217
32	中龄林	1283	15.4	20	阴坡	中部	1246
33	中龄林	1783	15.6	26	阴坡	中部	1235
34	中龄林	1667	15.3	21	阴坡	上部	1243
35	中龄林	1683	14.1	27	阴坡	中部	1252
36	中龄林	2683	12.9	21	阴坡	上部	1241
37	幼龄林	8667	5.9	22	阴坡	上部	1215
38	幼龄林	6367	6.2	22	阴坡	中部	1217
39	幼龄林	6000	6	28	阴坡	上部	1222
40	幼龄林	5267	7	25	阴坡	下部	1186
41	幼龄林	4317	7.2	25	阴坡	下部	1177
42	幼龄林	3950	6.2	25	阴坡	下部	1177

不同密度处理林分设置：2011 年年初，选择西南坡坡向、中下坡位、坡度 20°、生长状况相似的地段进行密度调控处理。处理 1（CK）：密度为 6000 株/hm²；处理 2（LT）：密度为 4800 株/hm²；处理 3（MT）：密度为 4200 株/hm²；处理 4（HT）：密度为 3600 株/hm²。每个处理各设立 3 块的 20m×20m 样地，共设置 12 个样地。每个样地之间有 10 m 的过渡带。样地基本情况见表 3-2。

表 3-2 油松人工林不同密度样地概况

处理	林龄（年）	密度（株/hm²）	坡度（°）	坡向	海拔（m）
CK	20	6000	28	东	1222
LT	20	4800	21	东	1176
MT	20	4200	22	东	1215
HT	20	3600	25	东	1208

（二）水文数据采集和测定

1. 大气降雨采集

在林外约 50 m 的空旷地上放置 CR² 形翻斗式自记数字雨量仪，用以测定大气林外降雨量，并记录降雨时间和降雨历时。

2. 林冠层水文特征测定

(1)林内穿透雨测定。在各标准样地内，随机布设 3 个自制雨量槽(尺寸为 200cm × 10cm × 20cm)，每个雨量槽一端开口连接一个 10L 塑料桶，在每次雨后用 1L 的标准量筒测定塑料桶内雨量，以 3 个雨量槽的雨量平均数作为林内穿透雨体积(mL)，最后根据雨量槽承雨面积再换算成本次降雨的林内穿透雨量(mm)。

(2)树干茎流量测定。在各标准样地内，分别根据胸径的径级分布(每隔 2cm 为一径级)，选择 5 株标准木(胸径在 3 ~ 5 cm、7 ~ 9 cm 各一株，5 ~ 7 cm 三株)，将直径为 3 cm 大小的聚乙烯塑料管沿中缝剪开，取其一段呈螺旋状从树干 1.2 m 处开始缠绕(用小钉固定在刮过粗皮的树干上)1.5 周左右，聚乙烯塑料管与树干间空隙接缝处用油漆封严以防漏水，环绕树干的聚乙烯管与水平面间有 30°左右的倾角，使树干茎流能沿聚乙烯塑料管流下，管的下端接 10 L 的塑料桶(加盖)，每次降雨后利用树冠投影面积公式(3-1)(郭景唐等，1988)计算树干茎流量。

$$S = \frac{1}{M} \sum_{i=1}^{n} \frac{S_i}{K_i M_i} \tag{3-1}$$

式中，S 为树干茎流量(mm)，M 为单位面积上的树木株数，S_i 为每个径级树干茎流量，M_i 为每个径级的树木株数，K_i 为各径级的树冠平均投影面积，n 总各径级数。

(3)林冠截留的计算。通过实测得到的林外降雨、穿透雨和树干茎流，根据水量平衡原理(黄承标等，1991)，林冠截留量计算公式(3-2)如下：

$$I = P - T - S \tag{3-2}$$

式中，I 指林冠截留量(mm)，P、T、S 分别指林外总降雨量(mm)、穿透雨量(mm)、树干茎流量(mm)。

林冠截留率计算公式(3-3)如下：

$$I_0 = [I/P] \times 100\% \tag{3-3}$$

式中，I_0 指林冠截留率(%)。

3. 枯落物层水文特征测定

(1)枯落物储量及持水量测定。在每个样地内沿着对角线选定 5 个 1m × 1m 的小样方，对枯落物未分解层厚度和半分解层厚度进行测定，并分别收取称重。然后混合取样称重，把样品带回实验室置于 85℃的烘箱中 24 h，称重。

(2)枯落物持水过程测定。用尼龙袋将枯落物的未分解层和半分解层分别装好，浸入水中，分别持续浸泡 5 min、10 min、30 min、1 h、1.5 h、2 h、4 h、6

h、10 h、24 h，静置到尼龙袋不再滴水后称重，每个样品重复 3 次。浸水 24 h
后的持水量即为枯落物的最大持水量。静置后测得的枯落物湿重与干重差即为枯
落物的持水率，与浸水时间的比值则为枯落物的持水速度，浸水 24 h 后的持水
率作为最大持水率，用百分比（％）表示。据何帆等（2011）的研究结果，坡面枯
落物通常不会出现较长时间的浸水条件，当降雨量达到 20 ~ 30 mm 以后，其实际
持水率约为最大持水率的 85％，因此枯落物层的有效拦蓄量计算公式（3-4）
如下：

$$W = (0.85R_m - R_0)M \tag{3-4}$$

式中：W 为有效拦蓄量（t/hm^2）；R_m 为最大持水率（％）；R_0 为平均雨前自然含
水率（％）；M 为枯落物储量（t/hm^2）。

4. 土壤层水文特征测定

（1）土壤物理性质测定。在标准样地内按 S 形分别选取 3 个试验点进行土壤
剖面的挖掘，并且记录土层厚度，根据土层厚度情况，按人工分层（0 ~ 20 cm，
20 ~ 40 cm，40 ~ 60 cm）用环刀分别取土，装入铝盒内，带回实验室。用环刀法分
层测定容重、总孔隙度以及毛管孔隙度。

（2）土壤入渗速率测定。用双环刀法进行土壤入渗能力的测定。把用环刀取
回的土样放入水中浸泡 24 h，浸水时必须使得水面与环刀上口齐平，水平面不能
高于环刀上口的土面。一定时间之后取出环刀，拿掉盖子，上面套上一个空环
刀，用胶布封好连接处，再用熔蜡粘合住，从而避免接口处出水，然后把环刀放
在漏斗上，用烧杯承接。在实验过程中不断往空环刀内加水，但是必须使水面低
于环刀面 1 mm。每隔 1，2，3，5，10，15，20，…，n min 换一次承接的烧杯，
并分别测量渗出的水量 Q_1，Q_2，Q_3，Q_5，Q_{10}，Q_{15}，Q_{20}，…，Q_n。每换一次烧
杯要往上面环刀面加水至原来高度，持续到渗出水量稳定为止。

$$V = (10 \times Q_n)/(T_n \times S) \tag{3-5}$$

式中：V 为渗透速率（mm/min），T_n 为每次渗透间隔时间（min），Q_n 为间隔时间
内渗透水量（mL），S 为环刀面积（cm^2）。

5. 地表径流测定

在标准样地内用石棉瓦设置 10 m × 5 m 的简易径流场，径流场下端用裁剪后
的半圆状 PVC 管连接，管下放置集水桶进行径流收集。在半圆状 PVC 管上放置
架高的石棉瓦，既能阻挡降雨直接进入管内又不会阻碍径流场内径流的流入。每
次降雨过后测定集水桶内的地表径流量，并取水样回实验室进行过滤测定泥沙含
量。简易径流场的设置如图 3-2。

图 3-2   简易径流场

(三)光合数据采集和测定

1. 光合日变化的测定

选择当地典型的天气,从 7:00~17:00 用 Li-6400 便携式光合仪测定油松针叶的气体交换过程。每株选取 3 组针叶,每组记录 3 组数据取平均值。测定的参数有净光合速率、气孔导度、胞间 CO_2 浓度、蒸腾速率、相对湿度、光合有效辐射等。

2. 光响应曲线的测定

在油松生长季盛期选择晴朗无云的天气,在 9:00~11:00 时,采用 Li-6400 便携式 CO_2/H_2O 红外气体分析仪活体测定油松针叶的气体交换过程。光合作用光响应曲线设定 PAR 梯度为 1800、1500、1200、1000、800、600、400、200、150、100、80、50、20、0 $\mu mol/(m^2 \cdot s)$ 共 14 个梯度值,叶室温度控制为 30℃,CO_2 浓度控制为 400 $\mu mol/mol$,每种处理重复 3 次。

3. CO_2 响应曲线

利用 Li-6400 液化钢瓶控制参比叶室中的 CO_2 浓度在 0~1500 $\mu mol/mol$ 内设定 12 个浓度梯度测定净光合速率,控制叶室温度为 30℃,光强设为 1200 $\mu mol/(m^2 \cdot s)$,每种处理重复 3 次。

4. 叶绿素的测定

精确称取 0.300 g 油松针叶鲜叶片(每种处理重复 3 次),加入 80% 丙酮和无水乙醇(1:1)提取液 10 ml,30℃黑暗浸提光合色素,直到叶片全部变白。UV-1700 型分光光度计分别在 440 nm、645 nm、663 nm 处测定其吸光度值 A440、A645 和 A663,重复 3 次(Zhang Z A,2004;韩忠明,2011)。

5. 叶面积的测定

因为针叶林不能充满整个叶室，所以涉及叶面积转换问题。叶面积实际测量方法参考李轩然（2006）的方法。

（四）土壤有机碳含量调查

土壤取样：在每个样地周围，距每个样地边界 2~3m 处随机挖取 3 个土壤剖面（100cm）（按 0~10cm、10~20cm、20~30cm、30~50cm、50~70cm、70~100cm）。对土壤剖面进行描述，在每一个土壤层次，都用土壤环刀（100cm^3）进行取样，用于测定土壤容重和含水量。同时，每一土层次取约 500g 土样装入样品袋，对土壤样品在充分风干后进行化学性质分析。

凋落物产量及碳素输入的变化：在每个样地内设置 5 个 0.5m×0.5m 凋落筐，2010 年 9 月，开始每月月底收集一次凋落物，将每个框内的凋落物按枝、叶、果、碎屑物进行区分，分别称鲜重，同时，取部分样品于 85℃下烘干至恒重，称干重测定含水率，换算成凋落物干物质质量。将烘干后的凋落物进行粉碎取部分样品测量碳含量。

枯枝落叶层现存量调查：枯枝落叶层现存量调查方法亦采用小样方法。在标准地四角和中心设置 5 个 1m×1m 的小样方测量大部分分解、半分解、完全未分解层的厚度，收获各层生物量、称取鲜重，并取样带回实验室烘干称重，磨碎进行元素分析。

（五）土壤碳循环特征调查

1. 凋落物产量及养分元素输入的变化

凋落物产量：在每个样地内设置 5 个 0.5m×0.5m 凋落筐，2011 年 5 月开始每月月底收集一次凋落物，将每个框内的凋落物按枝、叶、果、碎屑物进行区分，分别称鲜重，同时，取部分样品于 85℃下烘干至恒重，称干重测定含水率，换算成凋落物干物质质量。将烘干后的凋落物进行粉碎取部分样品测量碳含量。

凋落物分解：将当季凋落的叶片装入分解袋（大小 10cm×10cm，孔径 0.5mm），2011 年 4 月在每个样地放置凋落物分解袋 72 个，每个凋落物分解袋内装新鲜凋落物 10g。自放置日期开始，每两个月取样一次，每次随机取样 3 袋，去掉泥沙等杂物。烘干称重，计算样品的失重率。混合均匀后打碎，过 2mm 筛，进行养分含量的测定。

2. 细根生物量及分解动态变化监测

细根生物量：根据油松人工林实际情况，在保证数据收集的精度前提下，采用根钻法采集细根（张小全等，2000）。在每个样地按"Z"字形选取 9 株样木（接近样地平均树高和平均胸径的树木），以样木为中心，距树干 50cm 处用内径 4.0cm 的土钻钻取土芯，深度为 60cm。取出土芯按 0~10cm、10~20cm、20~30 cm、30~50 cm、50 cm 以上进行分割，带回实验室，对样品用流动水浸泡、漂洗、过 0.25 mm 筛，用镊子和放大镜捡出直径 <2 mm 的细根，并根据根系颜色、弹性、外形等来区分活、死根，将各根样品置于 80 ℃烘箱中烘干至恒重(24 h)，用电子天平称重(精确到 0.001 g)，并将细根样品研磨用于测定碳含量。

细根分解：采用分解袋法。2011 年 4 月，在林地内挖取细根，洗净，去除死亡根系，晾干。将细根样品剪成 5 cm 长的根段，称取 10 g，装入分解袋内，放置在油松人工林样地，平埋入 10 cm 深的土层中，表层覆盖林地凋落物。自放置日期开始，每月取样一次，每次随机取样 3 袋，去掉泥沙等杂物。烘干称重，计算样品的失重率。混合均匀后打碎，过 2 mm 筛，进行养分含量的测定。

3. 土壤呼吸速率动态连续监测

土壤异养呼吸(R_h)和自养呼吸(R_a)采用挖壕沟法(Wang et al.，2002)来测定。2011 年 4 月，在每块样地内做 2 种处理(1 m×1 m 小样方)：处理 1 为未做任何处理原状样点；处理 2 为切断根系(采用挖壕法在样方四周垂直挖深 0.6 m以上直到看不见根系，切断根系但不移走，并将裸露根系剪断后插入厚塑料板以阻止外围根系向小样方内生长，除去小样方内所有活体植物)。每个处理做 3 个重复。这样在每个样地中预先放置 6 个 PVC 土壤环，高 8cm，内径为 20 cm，插入土壤 6 cm 左右，用于测定土壤呼吸。在第一次进行土壤呼吸测定前 1 个星期安放好土壤环，然后保留土壤环，在以后每次测量前一天检查土壤环的稳固程度，并且去除处理 1 土壤环中新鲜的植物幼苗及处理 2 中凋落物部分以及新鲜的植物幼苗，减少木质残体分解和植物地上部分释放出的 CO_2 对土壤呼吸测定的影响。从 2011 年 5 月初至 10 月，2012 年 5 月 ~10 月，每月避开雨天，每月测定 2次，测量时间设定为 3 min，重复 3 次，每 2h 测定一轮。进行土壤呼吸测定的同时，使用 LI-8100 配套的温湿度传感器在每个土壤环 5 cm 范围内测定土壤 10 cm深处的土壤湿度和土壤温度。这样，挖壕样方内的 CO_2 通量即为 R_h，挖壕样方与非挖壕样方的 CO_2 通量之差即为 R_a。

4. 土壤养分的测定

每个月在取土芯样品同时，将各个土芯样品分别用 20 目筛网小心筛出部分土壤，用于土壤有机碳、全 N、全 P、全 K 的测定。

二、数据处理

(一)样品分析

凋落物和土壤样品中有机碳素含量采用重铬酸钾—水合加热法。土壤全 N 采用半微量凯氏法测定；全 P 采用钼锑抗比色法测定；全 K 用 TAS-986 原子分光光度计测定。土壤的容重使用环刀法测定，pH 值采用水土比 5∶1 稀释后 pH 计测定，采用质量法测定土壤的含水量（中国土壤学会农业化学专业委员会，1983）。

（二）土壤有机碳密度计算

采用以下方法计算某一土层 i 的有机碳密度（SOC_i，t/hm^2）：

$$SOC_i = \frac{C_i \times D_i \times E_i}{10} \tag{3-6}$$

式中，C_i 为土壤有机碳含量（g/kg），D_i 为土壤容重（g/cm^3），E_i 为土层厚度（cm）。

如某一土壤剖面由 k 层组成，那么该剖面的有机碳密度（SOC，t/hm^2）

$$SOC = \sum_{i=1}^{k} SOC_i = \sum_{i=1}^{k} \frac{C_i \times D_i \times E_i}{10} \tag{3-7}$$

采用因素方差分析（analysis of variance）检验坡向、坡位、林龄、林分密度对土壤有机碳的影响。在 0.05 水平下检验相关显著性。所有统计分析采用 SPSS 15.0 软件实现，采用 Sigmaplot 10.0 作图。

（三）叶凋落物和细根质量残留率、养分残留率、分解系数以及养分归还量计算

各阶段叶凋落物和细根质量残留率（mass remain，MR）计算方法为：

$$MR\% = \frac{X_i}{X_0} \times 100\% \tag{3-8}$$

式中，X_i 为第 i 阶段叶凋落物和细根质量（g），X_0 为初始叶凋落物和细根质量（g）。

每阶段叶凋落物和细根各养分残留率（nutrient remain，NR）计算方法为：

$$NR\% = \frac{C_i}{C_0} \times 100\% \tag{3-9}$$

其中 C_1 为该阶段叶凋落物和细根养分含量（mg/g），C_0 为初始叶凋落物和细根养分含量（mg/g）。

利用 SPSS 15.0 软件对叶凋落物和细根的质量损失进行 Olson 衰减指数模型拟合（Olson et al.，1963）：

$$\frac{X_t}{X_o} = ae^{-kt} \tag{3-10}$$

式中，X_o、X_t 分别为叶凋落物和细根初始干重（g）和分解时间 t 时的残留干重（g）；a 为拟合参数；k 为年分解系数；t 为时间（a）。叶凋落物和细根分解 50%（$T_{50\%}$）和 95%（$T_{95\%}$）所需时间（a）的计算方法为（Olson et al.，1963）：

$$T_{50\%} = -\ln(1 - 0.50)/k \tag{3-11}$$

$$T_{95\%} = -\ln(1 - 0.95)/k \tag{3-12}$$

根据下列式子计算叶凋落物和细根的养分归还量(廖利平等,1999):

养分归还量 = (年凋落量×最初养分元素含量) - (分解残留量×残留养分元素含量)

(四)细根年生产量、周转率计算

采用极差值法计算细根年生产量和周转率,即将整个生长季节里所获得的细根生物量的最大值与最小值之间的差值作为细根生产量(McClaugherty, Aber, 1982;单建平等,1993):

$$细根生物量(t/hm^2) = 平均每个土芯根干重(g) \times 100/\pi(\varphi/2)^2$$

$$M = X_{max} - X_{min} + D \tag{3-13}$$

$$P = Y_{max} - Y_{min} + M \tag{3-14}$$

$$T = P/Y \tag{3-15}$$

$$D = X \times k \tag{3-16}$$

式中,$\varphi = 4.80cm$ 为土钻的内直径;M 为细根年死亡量;P 为细根年生产量;D 为细根年分解量;X_{max} 为年内死细根生物量最大值;X_{min} 为年内死细根生物量最小值;Y_{max} 为活细根年内生物量最大值;Y_{min} 为活细根年内生物量最小值;T 为细根年周转率;X 死细根平均生物量;Y 为活细根平均生物量;k 为细根分解系数。

(五)土壤呼吸与温湿度

采用双因素方差分析(two-way analysis of variance)检验林分密度、月份对土壤总呼吸、土壤自养呼吸、土壤异养呼吸的影响,显著性水平为0.05。采用单因素方差分析检验不同密度林分之间生长季土壤呼吸通量及各组分通量之间的差异。

土壤呼吸及各组分与土壤湿度采用线性回归方程进行拟合(M 模型):

$$R_s = \beta_0 + \beta_1 M \tag{3-17}$$

式中,R_s 为土壤呼吸速率,单位 $\mu mol/(m^2 \cdot s)$;M 为土壤湿度,单位%;β_1 为水分反应系数,β_0 为截距。

土壤呼吸及各组分与土壤温度采用指数关系回归方程进行拟合(T 模型):

$$R_s = \beta_2 e^{\beta_3 T} \tag{3-18}$$

式中,R_s 为土壤呼吸速率,单位 $\mu mol/(m^2 \cdot s)$;T 为温度,单位℃;β_2 为温度为0℃时土壤呼吸速率,β_3 为温度反应系数。

土壤呼吸及各组分与土壤温湿度采用线性和非线性关系回归方程进行拟合(T/M 模型):

$$R_s = \beta_4 e^{\beta_5 T} M^{\beta_6} \tag{3-19}$$

式中，R_s 为土壤呼吸速率，单位 $\mu mol/(m^2 \cdot s)$；T 为温度，单位℃；M 为土壤湿度，单位%；β_4、β_5、β_6 为待定参数。

利用土壤呼吸和土壤温度的指数关系方程（4-2）中的温度反应系数（β）计算土壤呼吸的温度敏感性指数 Q_{10}（Lloyd，Taylor，1994）：

$$Q_{10} = e^{10\beta} \tag{3-20}$$

Q_{10} 为土壤呼吸对温度变化的敏感性系数，β 为温度反应系数。

（六）CO_2 通量计算

根据日平均碳排放推算出每月的 CO_2 的释放量，然后将逐月进行累加。由于 Li-8100 土壤呼吸仪在低温下工作状态不稳定，本研究只测定了生长季 R_s 和 R_h，假设非生长季的 R_s 占全年 R_s 总量的 20% 来推算年呼吸通量（Wang et al.，2002）

（七）土壤碳循环计算

利用森林生态系统土壤碳循环分室模型（康博文等，2006）和循环中各分量测定值进行动态模拟分析。模型参数包括土壤输入：L（枯枝落叶年凋落碳量）、L_r（细根死亡年凋落碳量）、L_c（采伐后地下根系碳量）；输出：R_s（总土壤年呼吸量）、R_a（土壤自养呼吸量）、R_h（土壤异养年呼吸量）；转化：T_h（凋落物层年分解转化为土壤有机碳量）、T_a（死细根分解转化为土壤有机碳量）；贮存量：M_o（凋落物层储存有机碳量）、M（矿质土壤储存有机碳量）、M_{DFR}（死细根储存有机碳量）、M_{LFR}（活细根储存有机碳量）。

采伐后地下根系生物量估算是根据 $LnW = -2.270 + 0.666Ln(D^2H)$（$R^2 = 0.944$）（程小琴等，2012）计算获得。$L_c$（采伐后地下根系碳量）为地下根系生物量与地下根系平均含碳率（48.62）相乘得到。

土壤碳库收入项 I：

$$I = L \tag{3-21}$$

土壤碳库支出项 O：

$$O = R_h \tag{3-22}$$

土壤碳库平衡计算公式为：

$$\Delta C = I - O = L - R_h \tag{3-23}$$

土壤有机碳的周转时间计算公式（Raich & Schlesinger，1992）：

$$土壤碳周转时间 = D_c/R_h \tag{3-24}$$

式中，D_c 为土壤有机碳密度（t/hm^2），R_h 为土壤异养呼吸年通量（t/hm^2）。该公式前提是将 R_s 分为 R_a 和 R_h。

第四章　油松人工林生长及其林下生物多样性特征

　　林下植物是人工林生态系统的重要组成部分，对维持林分结构和土壤质量起着重要作用（李国雷等，2009）。有关林下植物的研究最早是围绕其对立地的指示作用展开的（阳含熙，1963）。近年来，随着人工林的生态服务功能的研究受到前所未有的高度关注，林下植物在人工林生态系统中的重大作用日益呈现，如在改良土壤、促进人工林养分循环、维护林地土壤质量等方面（姚茂和等，1991；林开敏等，2001；王震洪等，2001），尤其在生物多样性保护方面起着不可忽视的作用（Verma et al.，2005；尹锴等，2009；李苗等，2010）。植物种与环境间的关系是植被生态学研究的重要内容之一，定量地揭示它们之间的相互作用具有重要的生态学意义（冯云等，2008）。一般地，随着森林生长，群落结构和物种组成的复杂性逐渐增加，森林生态系统这种动态变化格局反映了群落环境的变化和生物多样性对这种变化的响应过程。而林下植物是由不同层次、不同生态适应型的植物构成，它们不仅受林冠郁闭成度影响，而且还受立地条件（地形、土壤养分等）的作用（Barbier et al.，2008），且它们对环境因子响应程度的不同。因此，分析林龄、林冠郁闭度、地形、土壤养分等因素对不同层次的林下植物种分布的作用，定量地揭示林木生长过程中环境对林下植物群落的影响，是深入研究森林生态系统动态变化规律，解读群落演替与物种多样性间复杂关系的有效途径之一。

　　油松（*Pinus tabuliformis*）林是华北地区温性针叶林的代表类型（马子清等，2001；郭东罡等，2011），油松是我国暖温带区域生态公益林建设首选树种之一。油松人工林有良好的保持水土、涵养水源及改良土壤等作用，对维持我国华北山区生态系统稳定具有重要的意义（黄三祥等，2009）。山西太岳山是我国油松的典型分布区，20 世纪 50~60 年代，该区分布的天然油松林被大规模开发利用，之后陆续营造了大面积油松人工纯林，但由于对林下植被的作用认识不足，没有进行科学的管理和先进的造林技术的实施，导致人工林生态系统生物多样性下降，限制了人工林的持续发展。本文以山西太岳山宋家沟油松人工林林下植物群落为研究对象，了解油松人工林林下植物群落的分布现状，并利用典范对应分析对物种分布与环境因子之间的相互关系进行分析，探讨其植物群落组成与环境因子之间的关系，以期为油松人工林林下生物多样性的保护和管理提供科学依据。

第一节　油松人工林林下的植物组成

在所调查的 42 个样地中，林冠下层共记录种子植物 83 种，分属于 26 科 72 属（表4-1），其中菊科15 属20 种，蔷薇科10 属13 种，豆科5 属6 种，3 大科合计30 属39 种，占全部种数的47%，表明3 大科植物在油松人工林林下植物生物多样性中所起的作用最大，而且在该地区的植物区系中也占据着重要地位。依据植物生长型分类系统，调查样方中共出现草本植物64 种，其中1、2 年生草本植物有10 种，多年生草本植物有54 种，灌木19 种。草本层常见的植物种类主要有：细叶薹草（*Carex rigescens*）、大油芒（*Spodiopogon sibiricus*）、白莲蒿（*Artemisia sacrorum*）、小红菊（*Dendranthema chanetii*）等，灌木层常见的植物种类主要有：悬钩子（*Rubus corchorifolius*）、黄刺玫（*Rosa xanthina*）、胡枝子（*Lespedeza bicolor*）和三裂绣线菊（*Spiraea trilobata*）等。

表 4-1　植物科属分配情况

科	属数	种数	占全部属数百分比（%）	占全部种数百分比（%）
菊科 Asteraceae	15	20	20.8	24.1
蔷薇科 Rosaceae	10	13	13.9	15.7
豆科 Leguminosae	5	6	6.9	7.2
百合科 Liliaceae	4	5	5.6	6
伞形科 Umbelliferae	4	4	5.6	4.8
唇形科 Labiatae	3	3	4.2	3.6
禾本科 Poaceae	3	3	4.2	3.6
毛茛科 Ranunculaceae	3	3	4.2	3.6
胡颓子科 Elaeagnaceae	2	2	2.8	2.4
虎耳草科 Saxifragaceae	2	2	2.8	2.4
堇菜科 Violaceae	2	2	2.8	2.4
桔梗科 Campanulaceae	2	2	2.8	2.4
葡萄科 Vitaceae	2	2	2.8	2.4
茜草科 Rubiaceae	2	2	2.8	2.4
忍冬科 Caprifoliaceae	2	2	2.8	2.4
牻牛儿苗科 Geraniaceae	1	2	1.4	2.4
夹竹桃科 Apocynaceae	1	1	1.4	1.2

（续）

科	属数	种数	占全部属数百分比（%）	占全部种数百分比（%）
景天科 Crassulaceae	1	1	1.4	1.2
藜科 Chenopodiaceae	1	1	1.4	1.2
萝藦科 Asclepiadaceae	1	1	1.4	1.2
木兰科 Magnoliaceae	1	1	1.4	1.2
莎草科 Cyperaceae	1	1	1.4	1.2
鼠李科 Rhamnaceae	1	1	1.4	1.2
天门冬科 Asparagaceae	1	1	1.4	1.2
五加科 Araliaceae	1	1	1.4	1.2
玄参科 Scrophulariaceae	1	1	1.4	1.2

第二节　油松人工林林下生物多样性的影响

一、油松人工林林下植物与环境的 CCA 排序

为避免冗余变量的共轭效应，在 CCA 分析中向前选择（forward selection），并进行 Monte Carlo 检验，筛选出对物种分布影响显著的环境因子。表4-2 为环境变量在 CCA 分析中的向前选择特征。草本层中特征值大于 0.05 的有 6 个变量，分别为林龄、坡度、坡向、林冠郁闭度、全氮（TN）、全钾（TK）；灌木层中特征值大于 0.05 的有 4 个变量，分别为林龄、坡向、坡度、全氮。

表4-2　环境变量在 CCA 分析中的前瞻选择特征

	草本层				灌木层			
	ME	CE	P	F	ME	CE	P	F
生物因子								
林龄（Age）	0.14	0.14	0.002	4.21	0.2	0.2	0.002	4.59
林冠郁闭度（Cano）	0.07	0.08	0.004	2.13	0.03	0.05	0.438	1.01
生境因子								
坡度（Expo）	0.09	0.1	0.002	2.04	0.1	0.13	0.004	2.95
坡向（Slop）	0.09	0.1	0.002	2.93	0.14	0.16	0.002	3.67
坡位（Posi）	0.02	0.04	0.322	1.07	0.05	0.05	0.456	1.02

（续）

	草本层				灌木层			
	ME	CE	P	F	ME	CE	P	F
全钾（TK）	0.05	0.06	0.036	1.61	0.17	0.19	0.06	1.3
全磷（TP）	0.02	0.04	0.408	1	0.01	0.03	0.664	0.67
全氮（TN）	0.05	0.07	0.008	2	0.08	0.1	0.024	2.14
有机碳（SOC）	0.01	0.04	0.364	1.06	0.05	0.07	0.114	1.55
pH	0.01	0.03	0.528	0.91	0.01	0.02	0.78	0.49

ME：是指每个变量的单独作用；CE：是指引入其他变量后每个变量的作用。

从表4-3可以看出，CCA排序的前四轴只保留了草本层和灌木层物种数据总方差的25.3%和24.7%，因此分析中可能丢失了很大一部分的物种信息。但前4轴的物种与环境相关系数较高，草本层和灌木层分别解释了物种—环境关系总方差的71.9%和86.6%，反映了排序的绝大部分信息。

油松人工林林下层物种与环境因子的CCA排序结果如图4-1，环境因子用带箭头的线段（矢量）表示，箭头所处象限，代表着环境因子与排序轴间的正负相关性，箭头连线的长度表示该环境因子与植物群落分布关系的大小，箭头连线在排序图中的斜率表示环境因子与排序轴相关性的大小，2个箭头之间的夹角表示环境变量间的相关程度，样方间的距离表示样方的相似程度（张峰等，2003；余敏等，2013）。草本层中，与CCA第1轴存在极显著正相关关系的环境因子是林龄，正相关的是全钾和全磷，负相关的是坡度、坡向、土壤有机碳；林冠郁闭度与第2轴显示出极显著负相关；第3轴与坡度、林冠郁闭度及全钾呈显著正相关；第4轴与坡位之间有显著正相关关系，而与土壤pH呈负相关关系（表4-4，图4-1a）。灌木层中，第1轴与林龄和全钾正相关，与坡度、坡向、土壤有机碳负相关；第2轴与土壤全钾负相关，而与土壤pH正相关；林冠郁闭度与第3轴呈显著负相关，坡位与第3轴呈显著正相关；土壤全磷与第4轴负显著相关（表4-4，图4-1b）。

表4-3　CCA排序的特征值及累积解释量

排序轴	草本层				灌木层			
	1	2	3	4	1	2	3	4
特征值	0.186	0.086	0.057	0.05	0.249	0.094	0.064	0.063
物种与环境相关性	0.88	0.872	0.817	0.835	0.851	0.652	0.685	0.554
累计百分比方差								
物种数据	12.4	18.2	22.0	25.3	13.1	18.0	21.4	24.7
物种—环境关系	35.2	51.6	62.4	71.9	45.9	63.2	75.0	86.6

表 4-4 各 CCA 排序轴与环境因子的相关系数

排序轴	草本层				灌木层			
	4	1	2	3	4	1	2	3
生物因子								
林龄	0.720 * *	0.335	0.197	0.006	0.741 * *	− 0.094	0.063	− 0.107
林冠郁闭度	0.219	− 0.639 * *	0.345 *	0.085	0.087	− 0.019	− 0.554 * *	0.047
生境因子								
坡度	− 0.554 * *	− 0.043	0.493 * *	− 0.275	− 0.572 * *	− 0.191	− 0.139	− 0.055
坡向	− 0.615 * *	− 0.020	0.137	− 0.134	− 0.652 * *	− 0.175	0.070	− 0.166
坡位	− 0.082	− 0.151	− 0.178	0.389 *	− 0.191	0.187	0.360 *	0.169
全钾	0.379 *	0.060	0.349 *	− 0.022	0.398 *	− 0.590 * *	− 0.113	− 0.055
全磷	0.364 *	0.291	0.285	0.040	0.254	0.0580	− 0.018	− 0.388 *
全氮	− 0.193	0.156	0.237	0.277	− 0.131	− 0.096	0.144	− 0.211
有机碳	− 0.455 * *	− 0.068	0.154	− 0.283	− 0.480 * *	0.106	− 0.173	− 0.117
pH	− 0.155	− 0.142	0.074	− 0.307 *	0.278	0.351 *	− 0.001	− 0.257

* $P < 0.05$；* * $P < 0.01$。

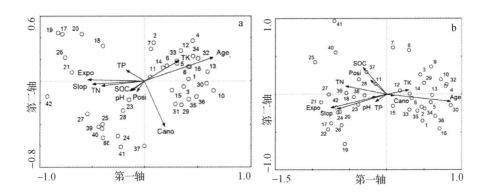

图 4-1 42 个样地与环境因子的典范对应分析(CCA)排序图

a. 草本层；b. 灌木层。1~42 为样地编号；英文缩写同表 4-2。

二、环境变量对油松人工林下植被分布格局影响的定量分离

环境变量对林下植被物种多度分布影响的定量分离过程分为以下 4 个部分：
①生境因子约束下物种多度的典范对应分析。②生物因子约束下物种多度的典范
对应分析。③剔除生物因子影响后生境因子约束下物种多度的典范对应分析。
④剔除生境因子影响后生物因子约束下物种多度的典范对应分析。结果表明，油

松人工林林下植被分布受环境因子影响，其中，草本层植被格局生境因子解释的部分占20.6%，植被格局生物因子解释的部分仅占14.6%，生境因子与生物因子交互作用解释的部分为5.1%，未解释的部分占59.7%。灌木层植被格局生境因子解释的部分占22.9%，植被格局生物因子解释的部分仅占12.8%，生境因子与生物因子交互作用解释的部分为7.1%，未解释的部分占57.3%（表4-5）。

表4-5 影响林下层物种分布的生境和生物因子的变异分离（%）

	a	b	c	d
草本层	20.6	14.6	5.1	59.7
灌木层	22.9	12.8	7.1	57.3

a. 生境因子解释的部分；b. 生物因子解释的部分；c. 生境因子和生物因子交互作用解释的部分；d. 生境因子和生物因子未能解释的部分。

第三节 密度调控对油松人工林生长及其林下生物多样性的影响

一、密度调控对油松人工林生长的影响

密度调控后第3年，油松林木的平均胸径、树高、冠幅和单株材积均随间伐强度增大而升高，密度调控后的油松林分和CK的各项指标差异显著，但不同处理的林分之间差异不显著；LT、MT、HT林分每公顷蓄积量提高27.3%、33.3%、26.7%，材积平均生长量提高9%、11.1%、8.9%。在密度调控后初期，由于重新调整了林分密度，林分结构发生变化，HT、MT和LT林分油松竞争减少，迅速生长，林木的胸径、树高、冠幅升高，由于样地内油松株数减少，总蓄积量表现出HT低于MT（表4-6）。

表4-6 不同密度处理后油松人工林生长情况

时间	处理	胸径（cm）	树高（m）	冠幅（m）	单株材积（m³）	蓄积量（m³/hm²）
2011年	CK	7.2	4.5	2.4	0.01	60
	LT	7.2	5	2.6	0.011	52.8
	MT	7.3	4.8	2.6	0.012	50.4
	HT	7.4	4.9	2.8	0.015	54
2013年	CK	7.2	4.8	2.5	0.013	78
	LT	7.4	5.3	2.8	0.014	67.2
	MT	7.5	5.5	2.9	0.016	67.2
	HT	7.7	5.9	3.2	0.019	68.4

LT. 轻度采伐；MT. 中度采伐；HT. 重度采伐。

二、对林下草本层多样性的影响

与 CK 相比，间伐后第 3 年，油松林下草本 Simpson 多样性指数和 Shannon-Wiener 多样性指数都随林分密度减小而升高（表 4-7）。LT、MT 和 HT 林分 Simpson 多样性指数较 CK 林分分别增加 0.07，0.10 和 0.09。LT、MT 和 HT 林分 Shannon-Wiener 多样性指数较 CK 林分分别增加 0.22，0.51 和 0.52。

表 4-7　不同密度处理后第三年油松人工林草本多样性特征

处理	CK			LT			MT			HT		
多样性指数	J_{sw}	D	H	J_{sw}	D	H	J_{sw}	D	H	J_{sw}	D	H
	0.56	0.59	1.72	0.71	0.66	1.94	0.71	0.69	2.23	0.68	0.68	2.24

第四节　结语

环境因子与植被分布的相关关系已被广泛讨论（米湘成等，1999；van Couwenberghe *et al.*，2010；Siefert *et al.*，2012；余敏等，2013）。物种分布的变化与环境的变化具有较强的相关性（Hunt *et al.*，2003）。不同环境因子的共同作用决定了不同的物种组成。林下植物的分布主要是由于环境因子在时间和空间尺度上的异质性引起的。许多研究表明，林分类型、冠上层结构、地形、土壤养分是影响林下植物种类分布的关键因子（Brosofske *et al.*，2001；Thomsen *et al.*，2005；Gracia *et al.*，2007；余敏等，2013），并且这些环境因子随不同地区而变化。本研究表明，环境因素对林下不同层次种类组成和结构的影响是不同的。明显的林龄梯度是形成油松人工林林下植物分布格局最重要的因素。林龄的不同，综合体现了生境的差异。其中，光照是影响植物生长发育和生存最重要的环境因子之一（王世雄等，2010）。本研究中，幼龄林密度过大，郁闭度较高，林地光照很弱，中龄林经过间伐后，使得林分密度比幼龄林减少一半，郁闭度相对减小，林地光照增强，土壤理化性质、土壤微生物等因素的变化。而同一年龄段，油松人工林下植物组成差异可能是由于林分密度及采伐情况的差异所导致。可见，经过适度抚育间伐，油松人工林林下植物多样性能够提高。

微生境的改变往往造成群落种类组成发生变化（尹锴等，2009）。而本书研究主要集中在垂直梯度较小的研究区范围内，因此海拔的作用不明显，而坡向、坡度和坡位等地形因子对物种分布的影响更显著。坡向主要影响地面接收的太阳辐射，这使得不同坡向之间存在显著的水热差异。由于坡度不同，单位面积上所接受的太阳辐射能量也不同，气温、土温及其他生态因子也随之发生变化。坡位代表着光照、水分、养分等环境因素的生态梯度变化，直接影响着水肥的再分配。另外，土壤养分也是影响群落物种组成的重要环境因子。本研究表明，在太岳山宋家沟环境因素对森林内不同层次种类组成和结构的影响是不同的，其中，林龄、坡度、坡向、林冠郁闭度、全氮、全钾是影响林下草本层物种分布的最重要的因子；林龄、坡向、坡度、全氮是影响林下灌木层物种分布的最重要的因子。

不同环境因子的共同作用决定了不同的物种组成。在已知物种空间分布变异中，生境因子与生物因子一共解释了 40.3% 的草本层植被格局的变异和 42.7% 的灌木层植被格局的变异。其中，生境因子解释的部分远远大于生物因子解释的部分。说明一些未知的独立于生物因子的生境变化在油松人工林林下植物的分布格局中起了重要作用。生物因子和生境因子未能解释的部分主要反映了植物自身互作及人类活动(采伐、放牧)对林下植被物种分布的影响，以及未被选取的环境因子如干扰或随机过程(Borcard *et al.*，1992；王国宏，杨利民，2001；余敏等，2013)。

油松人工林中，乔木层植物种类单一，结构简单，养分分解归还速率慢，林下植被作用更为重要(徐扬等，2008)。本研究提供了一些包括生物和非生物因子在内的基础数据，宋家沟油松人工林林下植被遵循植被演替规律，物种对环境具有较好的适应性，生长稳定，具有持续性。依据油松人工林林下不同层次植物与环境关系的差异制定合理的空间布局，并需要根据油松人工林所处的状态进行适度的人为调控，以促进油松人工林的持续发展。

第五章　油松人工林土壤有机碳库研究

在森林生态系统中，植物固定的 CO_2 中约 1/2 通过凋落物归还到土壤，通过微生物分解转化成稳定的土壤有机碳库，使森林土壤在全球碳循环中的发挥着决定性的作用（Lal，2004；2005）。森林土壤作为大气碳的重要的源和汇及其敏感的响应预警机制在全球碳循环中占有极其重要的地位。森林土壤有机层的生化特性控制着土壤有机碳固定、碳汇/碳源动态及通量在全球碳循环中具有十分重要的作用，且被认为是土壤与植被之间进行物质转换和能量交换的最为活跃的生态界面之一（冯瑞芳等，2006）。森林土壤有机碳的含量是进入土壤的有机物质的输入与分解之间的平衡，其储量与生境、土壤特性、植被等非生物和生物因子间存在着各自不同的相关关系，研究这之间的相关程度，有助于清楚地认识各种因子对土壤有机碳蓄积过程及分布的调控机制，这将促进油松人工林土壤碳汇潜力的发挥，同时也为精确预测我国人工林土壤碳库对全球碳循环的贡献和对全球变化反馈作用的基础。

第一节　油松人工林土壤有机碳含量的垂直分布格局

一、立地因子对油松人工林土壤有机碳含量的影响

从各坡向土壤有机碳垂直分布格局来看，油松人工林土壤有机碳含量均随着土层深度增加而减小。不同坡向，减缓趋势不同，其中 0~30cm 之间，普遍下降比较明显（图5-1）。阴坡 0~10cm、10~20cm、20~30cm、30~50cm、50~70cm 土层平均土壤有机碳含量分别比阳坡相同层次的高 14.7%、16.7%、8.1%、3.9% 和 4.5%，而 70~100cm 土层平均土壤有机碳含量阳坡较阴坡高出 27.4%。坡向对 0~10cm 和 0~20cm 土层土壤有机碳含量有显著影响（$p < 0.05$），而对其他土层土壤无显著影响（$p > 0.05$）（图5-1）。

从图5-2 可以看出，油松人工林土壤有机碳含量随坡位不同而不同，整体变化趋势为坡下 > 坡中 > 坡上，但各层土壤随坡位变化趋势不尽相同。阴坡 0~10cm、70~100cm 土层中土壤有机碳含量随坡位变化趋势为：坡下 > 坡中 > 坡

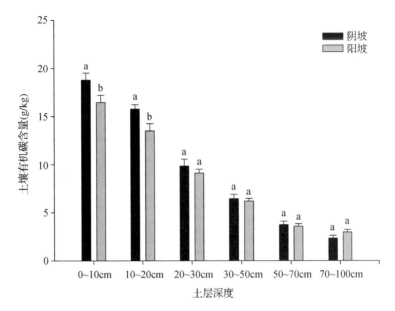

图 5-1　不同坡向油松人工林土壤有机碳含量垂直分布特征

不同字母表示差异显著($p < 0.05$)

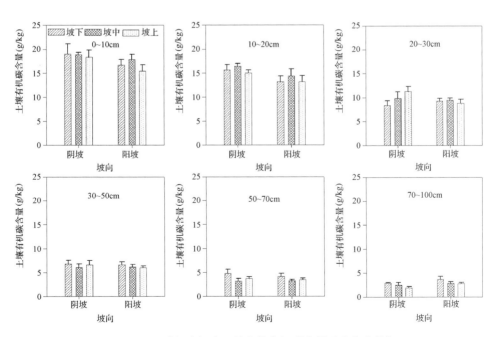

图 5-2　不同坡位油松人工林土壤有机碳含量垂直分布特征

上；10~20cm 土层中土壤有机碳含量随坡位变化趋势为：坡中 > 坡上 > 坡下；20~30cm 土层土壤有机碳含量随坡位变化趋势为坡上 > 坡中 > 坡下；30~50cm和50~70cm 土层土壤有机碳含量随坡位变化趋势为坡下 > 坡上 > 坡中。阳坡0~10cm 和20~30cm 土层中土壤有机碳含量随坡位变化趋势为：坡中 > 坡上 > 坡下；10~20cm 土层中土壤有机碳含量随坡位变化趋势为：坡中 > 坡下 > 坡上；30~50cm 和70~100cm 土层土壤有机碳含量随坡位变化趋势为坡下 > 坡中 > 坡上；50~70cm 土层土壤有机碳含量随坡位变化趋势为坡下 > 坡上 > 坡中。不同坡向各坡位和同坡位不同坡向土壤有机碳含量无显著差异（$p > 0.05$）。

二、林龄对油松人工林土壤有机碳含量的影响

油松人工林土壤有机碳的平均含量随着林分年龄的增加而提高，这是由于土壤有机碳含量大小与地上凋落物、地下细根周转量的输入和有机质分解有关。不同林龄油松人工林林地土壤不同土层的有机碳含量分布规律基本一致，以表层土壤有机碳含量最大，随着土层深度的增加而下降，但不同土层有机碳含量随林龄的变化趋势不一致（图5-3）。0~10cm 和10~20cm 土层土壤有机碳含量随林龄的

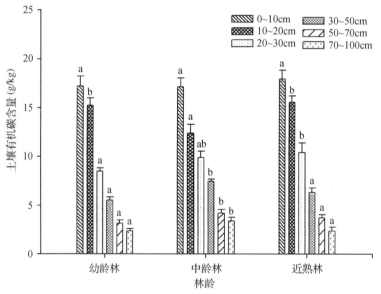

图5-3 油松人工林各层土壤有机碳含量与林龄的关系

不同字母表示显著性差异（$p < 0.05$）

变化趋势为：近熟林＞幼龄林＞中龄林；20～30cm 土层土壤有机碳随林龄增加而增加；30～50cm、50～70cm、70 100cm 土层，中龄林土壤有机碳含量最大。各林龄油松人工林 0～10cm 土层土壤有机碳含量差异不显著（$p > 0.05$）；20～30cm 土层近熟林土壤有机碳含量显著高于幼龄林的（$p < 0.05$），而与中林龄的差异不显著；其他土层均为中龄林土壤有机碳含量显著高于幼龄林和近熟林，而幼龄林和近熟林土壤有机碳含量无显著差异（$p > 0.05$）。

三、林分密度对油松人工林土壤有机碳含量的影响

从图 5-4 可以看出，不同密度油松人工林土壤有机碳平均含量随着土壤深度的增加而逐渐下降，但土壤有机碳的含量并不随着林分密度增加而提高。各密度林分平均土壤有机碳含量大小排序为：Ⅳ＞Ⅰ＞Ⅱ＞Ⅴ＞Ⅲ。不同层次土壤有机碳含量大小随林分密度变化各异，0～10cm 土层土壤有机碳含量随着林分密度增加先减小后增加再减小，密度Ⅳ林分土壤有机碳含量显著高于密度Ⅲ林分的（$p < 0.05$）；10～20cm 土层土壤有机碳含量随着林分密度增加呈增加—减小—增加—减小的波动，各密度林分土壤有机碳含量差异不显著（$p > 0.05$）；20～30cm 土层土壤有机碳含量随着林分密度增加呈增加—减小—增加的变化趋势，密度Ⅱ林分

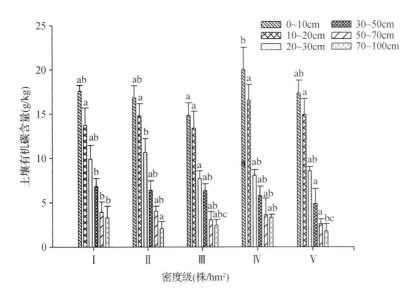

图 5-4　油松人工林各层土壤有机碳含量与林分密度的关系

Ⅰ. ＜2000；Ⅱ. 2000～2999；Ⅲ. 3000～3999；Ⅳ. 4000～5999；Ⅴ. ＞6000

不同字母表示显著性差异（$p < 0.05$）

土壤有机碳含量显著高于密度Ⅲ林分的（$p < 0.05$）；30~50cm土层土壤有机碳含量随着林分密度增加而减小，密度Ⅰ林分土壤有机碳含量显著高于密度Ⅴ林分的（$p < 0.05$）；50~70cm土层土壤有机碳含量随着林分密度增加呈增加—减小—增加—减小的波动，密度Ⅰ林分土壤有机碳含量显著高于密度Ⅴ林分的（$p < 0.05$）；70~100cm土层土壤有机碳含量随着林分密度增加呈减小—增加—减小的趋势，密度Ⅰ林分土壤有机碳含量显著高于密度Ⅱ林分的（$p < 0.05$），且密度Ⅳ林分土壤有机碳含量显著高于密度Ⅴ林分的（$p < 0.05$）。

四、土壤理化性质对油松人工林土壤有机碳含量的影响

土壤水分是植物吸收水分的主要来源，影响土壤中植物营养元素的有效性和供应能力。相关分析表明（表5-1），油松人工林土壤有机碳含量与土壤水分具有一定的相关关系，其中50~70cm土层中，油松人工林土壤有机碳含量与土壤水分呈极显著相关关系，20~30cm土层中，油松人工林土壤有机碳含量与土壤水分呈负相关关系，其他均呈正相关关系。

土壤容重是反映土壤物理性质的一个重要指标，其大小对于植物根系的生长、土壤动物和微生物的活动有很大的影响，从而影响土壤有机碳含量大小。相关分析表明（表5-1），油松人工林土壤有机碳含量与表层（0~20cm）土壤容重呈极显著负相关关系，与其他土层也具有一定的相关关系，但相关程度不显著。

表5-1 不同深度土壤有机碳含量与土壤含水量和容重相关分析

土层深度	含水量			容重		
	n	R	p	n	R	p
0~10cm	42	0.10	0.537	42	−0.49**	0.001
10~20cm	42	0.23	0.138	42	−0.62**	0.000
20~30cm	42	−0.24	0.125	42	0.16	0.325
30~50cm	42	0.12	0.457	42	0.16	0.313
50~70cm	41	0.43**	0.005	41	−0.26	0.095
70~100cm	34	0.21	0.226	34	0.21	0.234

** $p < 0.01$。

土壤化学性质的差异也影响着土壤有机碳含量。土壤pH值过高或过低会抑制大部分微生物活动和植物生长，从而影响有机质的来源。土壤pH值还通过影响土壤养分和有机质形态变化而使土壤有机碳含量受到影响。对油松人工林土壤有机碳含量和所在剖面相对应的pH值进行相关分析，结果表明，油松人工林土

壤 pH 值与有机碳含量表现出一定的负相关关系，在 20~30cm 土层土壤 pH 值与有机碳含量相关关系极显著，其他土层土壤 pH 值与有机碳含量相关关系不显著（表5-2）。

表5-2 不同深度土壤有机碳含量与土壤 pH 值相关分析

	土层深度					
	0~10cm	10~20cm	20~30cm	30~50cm	50~70cm	70~100cm
n	42	42	42	42	41	34
R	−0.12	−0.25	−0.42**	−0.03	−0.15	−0.24
p	0.449	0.104	0.005	0.869	0.334	0.176

$**p < 0.01$。

土壤养分对油松人工林土壤有机碳含量也具有一定的影响。这是由于土壤养分状况影响植被生产力，从而制约着土壤凋落物归还量。对油松人工林土壤有机碳含量与土壤主要养分元素（全 N、全 P、全 K）分析结果表明（表5-3），油松人工林土壤有机碳含量与土壤中养分均表现出一定的相关关系。其中在土壤 0~10cm 土层土壤有机碳含量与全 K 呈显著正相关，10~20cm 和 50~70cm 土层土壤有机碳含量与全 K 呈极显著正相关。各层土壤全 N 含量和全 P 含量与土壤有机碳含量相关关系表现不同，且相关关系不显著。

表5-3 不同深度土壤有机碳含量与土壤养分相关分析

土层深度	全 N			全 P			全 K		
	n	R	p	n	R	p	n	R	p
0~10cm	42	−0.06	0.725	42	0.16	0.316	42	0.38*	0.013
10~20cm	42	−0.28	0.070	42	−0.22	0.163	42	0.40**	0.009
20~30cm	42	0.28	0.077	42	0.12	0.464	42	0.04	0.787
30~50cm	42	0.14	0.389	42	0.18	0.249	42	−0.16	0.309
50~70cm	41	−0.06	0.712	41	−0.12	0.463	41	0.46**	0.003
70~100cm	34	−0.26	0.137	34	−0.11	0.518	34	0.31	0.077

$*p < 0.05$，$**p < 0.01$。

第二节　油松人工林凋落物年产量及碳素归还特征

一、油松人工林凋落物的年产量及其组成

(一)林龄对油松人工林凋落物的年产量及其组成的影响

表5-4为不同林龄油松人工林凋落物的年产量及其组成,幼龄林、中龄林和近熟林凋落物的年凋落量分别为4.834、3.867、4.956 t/hm²,即随着林龄的增加年凋落总量先呈递减趋势后呈增加趋势。各林分落叶占凋落物总量的75.18%~86.43%,是凋落物的主要成分,叶的凋落量大小依次为幼龄林>近熟林>中龄林,而其他凋落物成分只占凋落物总量的13.57%~24.82%。这主要是由于幼龄林和近熟林林分郁闭度较中龄林高,其林分叶的生物量也较中龄林高。

表5-4　不同林龄油松人工林的年凋落物量及其组成(t/hm²)

林龄	叶	枝	果实	花	其他	总量
幼龄林	4.178(86.43)	0.106(2.19)	0.325(6.72)	0.066(1.37)	0.159(3.29)	4.834(100)
中龄林	3.071(79.42)	0.090(2.33)	0.365(9.44)	0.111(2.87)	0.230(5.95)	3.867(100)
近熟林	3.726(75.18)	0.278(5.61)	0.449(9.06)	0.169(3.41)	0.334(6.74)	4.956(100)

括号内的数字为百分比(%)。

(二)林分密度对油松人工林凋落物的年产量及其组成的影响

表5-5为各密度级油松人工林凋落物的年产量及其组成,凋落物主要由落叶、小枝、落果、花和其他碎屑物质组成,其中各林分中,落叶占凋落物总量的75%以上,位居首位,花占凋落物总量的比例最小,林分密度范围为3000~4000 株/hm²的林分凋落物花所占比重最小,仅为0.87%。

表5-5　不同密度油松人工林的年凋落物量及其组成(t/hm²)

密度级*	叶	枝	果实	花	其他	总量
Ⅰ	3.260(75.65)	0.175(4.07)	0.462(10.72)	0.139(3.22)	0.273(6.34)	4.309(100)
Ⅱ	3.690(78.65)	0.190(4.04)	0.408(8.69)	0.128(2.72)	0.277(5.90)	4.691(100)
Ⅲ	3.144(89.85)	0.034(0.97)	0.160(4.56)	0.030(0.87)	0.131(3.75)	3.500(100)
Ⅳ	4.421(89.05)	0.129(2.61)	0.174(3.50)	0.081(1.62)	0.160(3.23)	4.965(100)
Ⅴ	4.549(87.97)	0.088(1.71)	0.352(6.80)	0.047(0.97)	0.135(2.62)	5.171(100)
平均 Average	3.813(84.22)	0.123(2.72)	0.311(6.87)	0.085(1.87)	0.195(4.31)	4.527(100)

*密度级范围同图5-3;括号内的数字为百分比(%)。

油松人工林凋落物的年产量为 4.527 t/hm²，其随林分密度变化趋势为，先增加后减小再增加趋势。其中林分密度范围为 3000~4000 株/hm² 的林分凋落物的年产量最小，为 3.500 t/hm²，林分密度范围为 6000 株/hm² 以上的林分凋落物的年产量最大，为 5.171 t/hm²。这主要是由于林分密度范围为 3000~4000 株/hm² 的林分主要由人工干扰后幼龄林，其林分郁闭度较小，而林分密度范围为 6000 株/hm² 以上的林分都是未受干扰的油松幼龄林，其林分郁闭度均在 90% 以上，林分中叶的生物量占较大比例。

二、油松人工林凋落物碳素含量及碳密度

(一)林龄对油松人工林凋落物碳素含量及碳密度的影响

通过对各林龄段油松人工林凋落物各组分的碳素含量测定分析可知，油松林凋落物不同组分中的碳含量存在一定的差异，各林龄段凋落物中叶的碳素含量均最大(表 5-6)。凋落物各成分的生物量与相应碳素含量之积为其碳密度，因此生物量正向影响各成分的碳密度(表 5-7)。各林龄段的年凋落物碳密度的时间分布序列为近熟林 > 幼林龄 > 中林龄。各林龄段落叶是凋落物最大生物量载体，同时也是最大碳储存成分，幼林龄、中林龄和近熟林落叶中碳密度占凋落物碳密度的比例为 86.68%、80.05% 和 75.67%，即随着林龄的增加，落叶中的碳密度比例逐渐减小。

表 5-6　不同林龄油松人工林的凋落物碳含量(%)

林龄	叶	枝	果实	花	其他
幼龄林	48.84(1.34)	47.74(1.09)	47.72(1.18)	46.18(0.98)	48.49(0.44)
中龄林	48.40(1.78)	47.46(1.53)	46.96(1.24)	46.45(3.50)	45.54(3.28)
近熟林	48.72(0.46)	47.38(0.63)	46.96(0.35)	45.85(0.53)	48.97(0.44)

括号内的数字为标准差。

表 5-7　不同林龄油松人工林的凋落物碳素年归还量(t/hm²)

林龄	叶	枝	果实	花	其他	总量
幼龄林	2.040	0.051	0.155	0.031	0.077	2.354
中龄林	1.486	0.043	0.172	0.051	0.105	1.857
近熟林	1.816	0.132	0.211	0.077	0.164	2.399

(二)林分密度对油松人工林凋落物碳素含量及碳密度的影响

油松人工林凋落物不同组分中的碳含量具有一定的差异，且林分密度不同，其碳含量也不同(表 5-8)，各密度级林分的凋落物中叶的碳素含量均最大。根据各

组分的年凋落量与其相应的碳含量计算出油松人工林不同密度级林分通过凋落物年归还的碳密度,结果见表5-9。油松人工林年凋落物碳密度随林分密度变化顺序为Ⅴ>Ⅳ>Ⅱ>Ⅰ>Ⅲ。各林分中,落叶中碳密度占凋落物碳密度的比例最大,它随着林分密度的增加呈先增大后减小的趋势。

表5-8   不同密度油松人工林的凋落物碳含量(%)

密度级*	叶	枝	果实	花	其他
Ⅰ	49.11(1.90)	48.26(1.24)	46.30(0.72)	45.10(1.46)	45.63(1.54)
Ⅱ	48.77(0.64)	47.91(1.14)	47.91(1.42)	46.50(2.60)	45.22(1.99)
Ⅲ	48.23(2.51)	47.12(1.74)	46.26(4.94)	46.21(1.24)	44.69(4.48)
Ⅳ	49.85(1.45)	47.85(1.89)	46.17(0.74)	47.71(0.91)	49.29(1.94)
Ⅴ	48.08(1.95)	47.50(1.07)	46.21(2.66)	46.41(3.54)	47.79(2.89)

* 密度级范围同图5-3;括号内的数字为标准差。

表5-9   不同密度林龄油松人工林的凋落物碳素年归还（t/hm²）

密度级*	叶	枝	果实	花	其他	总量
Ⅰ	1.601	0.085	0.214	0.062	0.125	2.086
Ⅱ	1.800	0.091	0.195	0.059	0.125	2.270
Ⅲ	1.516	0.016	0.074	0.014	0.059	1.679
Ⅳ	2.204	0.062	0.080	0.038	0.079	2.464
Ⅴ	2.187	0.042	0.163	0.022	0.065	2.478

* 密度级范围同图5-3。

第三节   油松人工林枯枝落叶层现存量及碳素储量

一、林龄对油松人工林枯枝落叶层现存量及碳素储量的影响

对不同林龄油松人工林枯枝落叶层现存量进行分析测定,结果见表5-10。枯枝落叶层现存量随着林龄增加呈增加趋势。枯枝落叶层现存量随林龄变化范围为5.784~11.176 t/hm²,其中,未分解层现存量在2.133~3.393 t/hm²之间变化,半分解层现存量在1.990~3.766 t/hm²之间变化,分解层现存量在1.596~5.277 t/hm²之间变化。枯枝落叶层各层比例来看,幼龄林未分解层所占比例较大,而中龄林和近熟林分解层所占比例较大,这说明随着油松人工林林龄增加,其枯枝落叶层发育越完善。

各林龄段其枯枝落叶层各层碳含量大小顺序也为：未分解层 > 半分解层 > 分解层。其中未分解层碳含量随林龄增加而增大，其变化范围为 51.29%~51.89%，半分解层碳含量变化范围为 38.34%~44.68%，分解层碳含量变化范围为 19.12~28.22%。油松人工林枯枝落叶层碳密度随林龄变化范围为 2.278~4.385t/hm²。幼龄林和中龄林枯枝落叶层各组分碳密度大小顺序为未分解 > 半分解 > 分解层，而近熟林枯枝落叶层各组分碳密度大小顺序为半分解 > 分解层 > 未分解。

表 5-10 不同林龄油松人工林枯枝落叶层现存量、碳含量及碳密度

林龄	生物量（t/hm²）			碳含量（%）			碳密度（t/hm²）			合计
	未分解	半分解	分解	未分解	半分解	分解	未分解	半分解	分解	
幼龄林	2.198	1.990	1.596	51.29	40.85	19.12	1.130	0.829	0.319	2.278
中龄林	3.393	3.328	4.127	51.70	44.68	28.22	1.749	1.488	1.147	4.385
近熟林	2.133	3.766	5.277	51.89	38.34	25.53	1.108	1.412	1.182	3.703

二、林分密度对油松人工林枯枝落叶层现存量及碳密度的影响

林地枯枝落叶层的积累主要由年凋落物量及其分解速率控制，枯枝落叶层现存量受气候、地形、土壤、林龄及经营活动等因素的影响而改变，现存量的变化最终将导致土壤养分的变化。对不同密度油松人工林枯枝落叶层各组分现存量进行分析测定，结果见表 5-11。枯枝落叶层现存量随着林分密度增加呈先减小后增加趋势。枯枝落叶层现存量随林分密度变化范围为 5.080~10.699 t/hm²，其中，未分解层现存量在 1.911~3.140 t/hm² 之间变化，半分解层现存量在 1.712~3.763 t/hm² 之间变化，分解层现存量在 1.457~4.357 t/hm² 之间变化。枯枝落叶层各层比例来看，低密度林分分解层所占比例较大，而高密度林分分解层所占比例较小，其中密度小于 2000 株/hm² 的林分分解层所占比例最高，而未分解层所占比例最低，这是由于密度小于 2000 株/hm² 主要是油松中龄林及近熟林，其林分结构发育完善，环境优越，有利于枯枝落叶的分解。

各密度林分枯枝落叶层各层碳含量大小顺序为：未分解层 > 半分解层 > 分解层。其中未分解层碳含量变化范围为 49.53%~52.89%，半分解层碳含量变化范围为 36.35%~43.89%，分解层碳含量变化范围为 19.44%~27.38%。油松人工林枯枝落叶层碳密度范围为 1.929~3.959 t/hm²。密度小于 2000 株/hm² 的林分枯枝落叶层各组分碳密度大小顺序为半分解 > 未分解 > 分解层，而其他林分枯枝落叶层各组分碳密度大小顺序为未分解 > 半分解 > 分解层。

表 5-11　不同密度油松人工林枯枝落叶层现存量、碳含量及碳密度

密度级	生物量(t/hm²)			碳含量(%)			碳密度(t/hm²)			合计
	未分解	半分解	分解	未分解	半分解	分解	未分解	半分解	分解	
I	2.579	3.763	4.357	51.65	41.18	27.38	1.328	1.526	1.104	3.959
II	2.878	2.488	4.109	51.74	43.09	22.37	1.491	1.072	0.948	3.511
III	3.140	1.831	2.194	49.53	42.06	20.88	1.577	0.814	0.495	2.886
IV	1.911	1.712	1.457	51.82	36.35	19.44	0.997	0.620	0.312	1.929
V	2.074	2.526	1.813	52.89	43.89	21.01	1.215	1.189	0.388	2.793

＊密度级范围同图 5-3。

第四节　油松人工林土壤有机碳密度与凋落物和土壤性质的关系

一、油松人工林土壤有机碳密度的垂直分布特征

(一)立地因子对油松人工林土壤碳密度的影响

单位面积土层的容重与其相应的有机碳含量的乘积,即为各土层的碳密度。从表 5-12 看出,不同坡向,0~30cm 土层油松人工林土壤有机碳密度阴坡大于阳坡的,而 30~100cm 土层土壤有机碳密度阳坡则大于阴坡。油松人工林土壤有机碳密度在 0~100cm 深度差异不显著,0~100cm 土层阴坡和阳坡土壤有机碳密度分别为 83.61 和 84.03 t/hm²。不同坡向油松人工林的土壤有机碳主要分布在土壤表层(0~30cm),阴坡和阳坡 0~30cm 的土壤层中碳密度分别占 0~100cm 土层土壤碳密度的 58.03% 和 54.97%。

表 5-12　不同坡向油松人工林土壤有机碳密度垂直分布特征(t/hm²)

坡向	土层深度						
	0~10cm	10~20cm	20~30cm	30~50cm	50~70cm	70~100cm	合计
阴坡	19.20(0.66)	17.65(0.49)	11.67(0.94)	15.66(1.20)	8.95(0.79)	8.84(1.16)	83.61(3.24)
阳坡	18.39(0.74)	16.22(0.73)	11.58(0.59)	16.96(0.90)	9.65(0.65)	12.03(1.11)	84.03(2.92)

括号内的数字为标准差。

从表 5-13 看出,各坡向油松人工林 0~100cm 土层土壤有机碳密度随坡位变化为:坡下 > 坡中 > 坡下,但各坡位土壤有机碳密度差异不显著(p > 0.05)。阴坡大于阳坡的,而 30~100cm 土层土壤有机碳密度阳坡则大于阴坡,油松人工林土壤有机碳密度在 0~100cm 深度差异不显著。阴坡各坡位 0~30cm 的土壤层中碳密

度占 0~100cm 土层土壤碳密度的比例分别为:49.96%(坡下)、61.32%(坡中)和 60.26%(坡上)。阳坡各坡位 0~30cm 的土壤层中碳密度占 0~100cm 土层土壤碳密度的比例分别为:50.71%(坡下)、56.69%(坡中)和 55.98%(坡上)。

表 5-13　不同坡位油松人工林土壤有机碳密度垂直分布特征（t/hm^2）

坡向	坡位	土层深度						合计
		0~10cm	10~20cm	20~30cm	30~50cm	50~70cm	70~100cm	
阴坡	下坡	18.93(1.41)	16.90(0.72)	9.75(1.40)	16.73(2.54)	10.98(1.45)	11.10(0.15)	91.26(1.36)
	中坡	19.92(0.85)	18.64(0.88)	11.59(1.71)	14.52(1.93)	7.86(1.44)	9.25(2.25)	81.78(6.38)
	上坡	18.45(1.42)	16.99(0.75)	13.72(1.38)	16.20(2.11)	8.87(0.90)	7.36(1.79)	81.58(5.25)
阳坡	下坡	19.42(1.51)	16.05(1.16)	11.69(0.71)	18.13(2.07)	11.72(1.61)	14.99(3.01)	93.00(6.80)
	中坡	19.55(0.95)	17.01(1.31)	11.93(0.95)	16.49(1.82)	8.37(0.69)	11.74(1.63)	85.53(3.40)
	上坡	17.00(1.20)	15.82(1.29)	11.29(1.15)	16.52(1.17)	9.14(0.84)	10.71(1.41)	78.78(4.21)

括号内的数字为标准差。

(二)林龄对油松人工林土壤碳密度的影响

表 5-14 表明,不同林龄油松人工林 0~100cm 土层土壤有机碳贮量分别为: 75.71t/hm²(幼龄林)、94.00t/hm²(中龄林)、87.12t/hm²(近熟林),其中,中龄林和近熟林土壤有机碳密度显著高于幼龄林的($p < 0.05$)。除 10~20cm 土层和 20~30cm 土层,其他土层土壤有机碳密度均表现为中龄林最大。由表 5-14 可以看出,不同林龄油松人工林的土壤有机碳主要分布在土壤表层(0~30cm),幼龄林、中龄林、近熟林 0~30cm 的土壤层中碳密度分别占 0~100cm 土层土壤碳密度的 59.00%、51.45%、57.70%。

表 5-14　不同林龄油松人工林土壤有机碳密度垂直分布特征（t/hm^2）

土层深度	林龄		
	幼龄林	中龄林	近熟林
0~10cm	17.59(0.86)a	20.19(0.75)b	18.82(0.90)a
10~20cm	17.10(0.82)ab	15.16(0.74)a	18.23(0.71)b
20~30cm	9.98(0.50)a	13.01(0.83)b	13.22(1.06)b
30~50cm	13.90(0.88)a	20.58(0.84)c	16.69(0.96)b
50~70cm	8.03(0.62)a	11.11(0.94)b	10.21(0.71)ab
70~100cm	9.11(0.79)a	13.95(1.75)b	9.95(1.57)ab
合计 Total	75.71(2.38)a	94.00(3.06)b	87.12(2.16)b

不同字母表示显著性差异($p < 0.05$);括号内的数字为标准差。

(三)林分密度对油松人工林土壤有机碳密度的影响

表5-15表明,5种密度的油松人工林土壤有机碳密度分别为:92.89t/hm² (Ⅰ)、83.01t/hm²(Ⅱ)、79.08t/hm²(Ⅲ)、77.72t/hm²(Ⅳ)和71.32t/hm²(Ⅴ)。0~100cm土层Ⅰ林分土壤有机碳密度显著高于Ⅲ、Ⅳ、Ⅴ林分土壤的有机碳密度($p<0.05$)。由于不同林分密度其枯枝落叶归还数量和分解速率不同,在其土壤中形成了层次结构也不同,其碳密度也将随着土壤深度的增加而变化,其中,0~10cm和10~20cm土层各密度林分土壤有机碳密度差异不显著,而其他土层,各林分土壤有机碳密度之间具有一定的差异。由表5-15可以看出,不同密度油松人工林的土壤有机碳主要分布在土壤表层(0~30cm),5种密度的油松人工林0~30cm的土壤层中碳密度分别占0~100cm土层土壤碳密度的53.26%、57.34%、55.39%、57.89%、63.25%。

表5-15　不同密度油松人工林土壤有机碳密度垂直分布特征(t/hm²)

土层深度	密度级*				
	Ⅰ	Ⅱ	Ⅲ	Ⅳ	Ⅴ
0~10cm	19.95(0.63)a	17.36(1.10)a	17.10(2.03)a	18.53(1.79)a	18.31(1.37)a
10~20cm	16.66(0.72)a	16.85(0.73)a	16.62(2.17)a	17.25(1.60)a	16.84(1.53)a
20~30cm	12.87(0.72)bc	13.38(1.25)c	10.09(1.26)ab	9.21(0.65)a	9.96(0.45)a
30~50cm	18.74(0.80)b	16.86(1.87)bc	17.13(1.75)b	13.06(1.09)a	13.05(1.69)ac
50~70cm	10.66(0.78)b	10.65(0.56)b	8.24(1.10)ab	8.43(1.84)ab	6.53(0.56)a
70~100cm	14.01(1.45)b	7.90(0.93)a	9.90(1.30)b	11.24(0.73)b	6.63(1.08)a
合计 Total	92.89(2.24)bc	83.01(3.15)b	79.08(4.25)ab	77.72(6.20)ab	71.32(3.45)a

* 密度级范围同图5-3;不同字母表示显著性差异($p<0.05$);括号内的数字为标准差。

二、综合因子对油松人工林土壤有机碳密度的影响

综合立地因子(坡向、坡度、坡位)、植被因子(林龄、林分密度、凋落物年凋落量和现存量)和土壤因子(土壤含水量、容重、pH、全N、全P、全K)共13个因子,用逐步回归引入—剔除法(stepwise)筛选出对土壤有机碳密度有显著作用的因素。立地因子赋值:坡向:北坡4,西北坡3,东北坡2,南坡1;坡位:上1,中2,下3。其他因子的数值为实际测量值。

对油松人工林土层(0~100cm)土壤有机碳密度与立地因子、植被因子和土壤因子回归分析表明,土壤层(1m)碳密度在很大程度上受林龄和土壤全K含量影响。根据SPSS分析结果建立的多元线性回归方程为:

土层(0~100cm)土壤有机碳密度 = 31. 52 + 0. 99 × 林龄 + 316. 81 × 土壤全 K 含量($R^2 = 0. 401, F = 10. 366, p < 0. 001, n = 34$)

将各层土壤碳密度与立地因子、植被因子和土壤因子回归分析表明各层土壤有机碳密度的影响因子不一,0~10cm 受各因子的影响不显著,其他各层土壤碳密度与各因子的多元线性回归方程如下:

土层(10~20cm)土壤有机碳密度 = 38. 60 + 0. 30 × 坡度 - 3. 64 × pH + 0. 12 × 土壤含水量($R^2 = 0. 336, F = 6. 396, p = 0. 001, n = 42$)

土层(20~30cm)土壤有机碳密度 = 34. 13 + 0. 10 × 林龄 - 0. 14 × 土壤含水量 - 4. 03 × pH + 8. 81 × 容重($R^2 = 0. 468, F = 8. 136, p < 0. 001, n = 42$)

土层(30~50cm)土壤有机碳密度 = - 1. 35 + 15. 57 × 容重 - 0. 25 × 坡度 + 0. 12 × 林龄($R^2 = 0. 489, F = 12. 114, p < 0. 001, n = 42$)

土层(50~70cm)土壤有机碳密度 = 0. 33 + 0. 13 × 土壤含水量 + 3. 17 × 凋落物现存量 + 74. 65 × 土壤全 N 含量 + 0. 08 × 林龄($R^2 = 0. 421, F = 6. 550, p < 0. 001, n = 41$)

土层(70~100cm)土壤有机碳密度 = 47. 99 - 3. 37 × 年凋落量 + 1. 82 × 坡位 + 15. 31 × 容重 - 282. 52 × 土壤全 K 含量($R^2 = 0. 605, F = 11. 112, p < 0. 001, n = 34$)

第五节　结　语

本书研究结果表明油松人工林土壤有机碳含量随土层深度的增加而减少,这与其他研究结果一致(王绍强等,2001;李忠等,2001;孙维侠等,2001;邵月红等,2005;张城等,2006;耿玉清等,2009;Cao et al. ,2010),这是由于地表植被枯枝落叶层是土壤有机碳的主要来源,而且土壤环境条件(温度、水分和养分)和微生物活性随土层加深而逐渐下降(徐侠等,2008)。

影响土壤有机碳含量的主要影响因子有地形因子、植被因子和土壤因子。地形对土壤碳库的影响主要通过温度、水分和养分 3 个条件的改变而实现的。温度的变化还可以通过影响枯落物的分解速度来影响土壤碳库的变化特征。一般情况下,低温能够降低枯落物分解速度,促进土壤碳库的积累。土壤含水量主要是通过影响植物和微生物能量的分配、土壤通透性、植物根系与微生物活动而影响土壤碳库的大小。通常土壤水分会降低土壤有机碳的分解速率,造成有机碳积累(刘姝媛等,2010)。而土壤养分状况影响植被生产力,从而制约着土壤凋落物归还量。坡向对土壤有机碳的作用主要影响地面接收的太阳辐射,这使得不同坡向之间存在显著的水热差异,从而造成土壤有机碳含量发生变化(连纲等,2006)。研究表明,坡向与土壤有机碳含量有呈负相关关系(秦松等,2007)、有呈正相关关系(程先富等,2003)。其研究结果不一致,可能与植被类型、土壤质地、地形等因素有关。坡位代表着光照、水分、养分等环境因素的生态梯度变化,影响着土壤有机碳含量的大小。残积物通过自身重力作用和外界水力、风力等搬运作用的影响,自上坡位向中坡位迁移,然后再有中坡位向下坡位迁移,导致土壤有机碳自上坡位向下坡位逐渐减小的趋势。本研究结果显示,油松人工林土壤有机碳平均含量变化趋势为:阴坡>阳坡;坡下>坡中>坡上,但不同坡向各土层土壤有机碳含量随坡位变化趋势不一致。

植被对土壤有机碳的影响主要通过改变枯落物数量、质量及环境条件的改变而影响土壤有机碳的组成、质量和稳定性。林分密度改变直接造成人工林地上植被碳库的改变,同时也可以改变林下微气候及土壤理化特性,引起微生物活性和土壤呼吸的变化,使得土壤的有机碳含量发生改变。一般情况下,林分密度减小,减少了凋落物的输入,降低了土壤有机碳含量(Knoepp et al.,1997;李正才等,2005)。本研究结果表明土壤有机碳含量随着林分密度增加先减小后增加再减小,且不同层次土壤有机碳含量大小随林分密度变化各异。林分密度为 4000~6000 株/hm²时,土壤有机碳平均含量最大,这与油松人工林林分内凋落物输入较多以及其分解速度较快有关。

森林在不同的生长阶段其土壤有机碳含量不同,并且不同森林类型其土壤有机碳含量随林龄的变化趋势不同,有随林龄的增大而增加(尉海东等,2007;段文霞等,2007;肖春波等,2010);或随着林龄的增加先是减少,而后又呈增加趋势(焦如珍等,1997;Grigal,Berguson,1998;Turner,Lambert,2000;Paul et al.,2003;王丹等,2009)。不同林龄林分其有机碳来源(地上凋落物及地下凋落物细根)的数量与质量差异是影响土壤有机碳在土壤中分布的主要因子之一。不同林龄林分可以形成特定的林下微气候环境,在一定程度上控制着土壤有机碳的分解速度。这些均为造成不同林龄林分之间及同龄林各土层间土壤有机碳差异的可能原因。因此,土壤有机碳含量随林龄的增长要经历一个变化过程(史军等,2005)。本研究结果表明油松人工林土壤有机碳平均含量随着林龄的增加而增大,但不同土层土壤有机碳含量随林龄增加变化趋势不一。

土壤容重和土壤 pH 值均是影响土壤理化性质的重要指标,其中,土壤容重反映土壤紧实度和土壤质地,而土壤 pH 值则对土壤微生物活性及各种元素的形态、有效性和迁移转化具有重要影响(鲁如坤,2000)。土壤养分特征对土壤有机碳含量大小具有决定性作用。研究发现,森林土壤有机碳含量与土壤容重(方运霆等,2004)、pH 值(李忠等,2001;刘振花等,2009)、土壤全 N 和水解 N 含量(徐秋芳等,2003;2005)之间具有显著或极显著相关性。本研究结果表明,油松人工林不同土层土壤有机碳含量与土壤容重、含水量、pH 值、养分的相关性大小不同,可能是受到外界干扰和土壤理化性质的综合影响,导致有些土层土壤有机碳含量与单个因子的相关性不显著。

　　森林土壤有机碳库的大小决定于凋落物归还量和土壤有机质分解之间平衡(吕超群等,2004)。森林凋落物是森林生态系统中物质生产、养分循环和能量流动研究中最重要的指标之一。本研究结果显示,不同林龄油松人工林的年凋落量在3.867~4.965 t/hm² 之间变化,现存量在5.784~11.176 t/hm² 之间变化;不同密度油松人工林的年凋落量在3.500~5.171t/hm² 之间变化,现存量在5.080~10.699 t/hm² 之间变化。不同林龄油松人工林的年凋落物有机碳密度在1.857~2.399 t/hm² 之间变化,现存量在2.278~4.385 t/hm² 之间变化;不同密度油松人工林的年凋落物有机碳密度在1.679~2.478t/hm² 之间变化,现存量在1.929~3.959 t/hm² 之间变化。郁闭的幼龄林和近熟林的凋落量比未完全郁闭的中林龄的凋落量大。森林凋落物长期积累而形成的凋落物现存量与森林凋落物的生产量相关关系不显著,且枯落物现存量与林分密度的相关性也不显著,但与林分的年龄有较强的相关性。

　　土壤有机碳库是地球陆地生态系统中最为重要的碳库之一,其既是碳汇又是碳源(范宇等,2006),对土壤质量、生态环境和气候变化均有重大的影响(Lal,1997)。森林土壤有机碳贮量在森林生态系统总碳贮量中占很大的比重,从50%~84%不等,森林土壤有机碳贮量受植被类型、地形因子、土壤理化性质和人类生产活动等影响。Baties(1996)对全球土壤碳密度的研究表明,土层深度0~30 cm 和0~50 cm 的土壤碳密度占0~100 cm 的比例分别为49%和67%。本书研究结果显示油松人工林生态系统中,土层深度0~30 cm 和0~50 cm 的碳密度分别占0~100 cm 的57%和76%,高于全球平均水平。因此,油松人工林土壤中的有机碳主要分布在土壤表层(0~30 cm),而人类经营活动对土壤的影响主要集中在土壤表层。在气候变化和人类活动等综合影响下,将导致土壤有机碳可能成为碳汇,也有可能成为碳源。本书油松人工林生态系统土壤层0~100 cm 平均有机碳密度总计为83.63 t/hm²,远低于我国森林土壤平均有机碳密度(193.55 t/hm²)(周玉荣等,2000),这主要是因为油松人工林的特殊群落结构形成了独特的林下生态环境,如林分郁闭后,林分郁闭度近1.0,林下光照不足,温度较低,形成了相对封闭的小气候,造成土壤动物和微生物的种类和数量减少,影响了营养元素循环中的土壤有机质的分解,从而对碳循环产生深刻的影响。Lal(2005)将提高人工林的经营和管理水平,增强人工林土壤碳汇功能称之为一种“双赢策略”和“减缓全球变化的一种可能机制和最有希望的选择”。因此,如果对现有人工林加以更好的管理,可极大地增强人工林的碳汇功能。

第六章　密度调控对油松人工林水文特征的影响

　　我国是一个水资源紧缺的国家。我国人均占有河川年径流量仅相当于世界人均占有量的 1/4,相当于美国人均占有量的 1/6,因此国家投入很多资金,在全国范围内兴建了水文站,充分重视森林与水的研究,目前这些水文站都对我国森林水文研究起着重要的作用。山西省的水资源与全国相比,问题更显突出。山西省是全国水资源最贫瘠的地区之一,人均水资源占有量相当于全国人均水平的 17%,相当于世界人均水平的 4%。由于缺水严重,采补失调,致使地下水位连年下降,对环境水文地质造成重大影响,给未来的发展留下一系列潜在的危机。因此在山西进行森林水文功能的研究是非常重要的。油松(*Pinus tabulaeformis*)属于温带性针叶林的建群种,油松林是温带性针叶林中分布最广的林分之一,温带地区除有很少部分的赤松 (*Pinus densiflora* Sieb. et Zucc)外,其他区域的丘陵、山地等区域上都大面积的分布着油松林,因此可以说油松林是华北地区最具代表性的针叶林,与此同时油松也是我国北方暖温带区最重要的造林树种之一,油松林对于改善环境、保持水土、调节气候以及为人类提供木材等方面都发挥着很大的作用(董世仁,1987)。太岳山地处山西省中南部,东连沁潞高原,西到汾河中下游谷底,呈南北走向,海拔多在 2000m 以上,最高峰海拔 2600m,是山西省的重要林业基地。太岳林区在山西省内素有"油松之乡"称谓,通过对山西太岳山油松人工林的水文特征(主要是林冠截留、枯落物持水及林地土壤蓄持水分能力等方面)的探索研究,来揭示太岳山油松人工林的水文生态功能,正确评价太岳山油松人工林的水土保持作用,从而为太岳山油松人工林的保护工程提供理论依据以及为当地人工林经营管理提供技术支撑。

第一节　冠层水文特征

一、林冠层与降雨量关系

　　在观测期间,试验区共观测到 56 次降雨事件,降雨总量为 1224.84mm,事件平均降雨量为 21.87mm(图 6-1)。其中,大部分降雨事件在 7~9 月份发生。单月降雨量最大发生在 2012 年 7 月,降雨量为 299.95mm,最小发生在 2012 年 6 月,降雨量为 32.24mm。

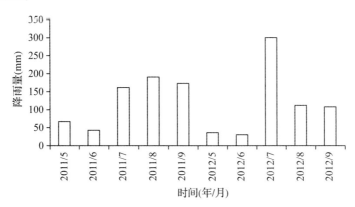

图6-1 太岳山国有林管理局外降雨月分配

(一)林冠截留量与降雨量关系

在两年生长季观测期间,CK、LT、MT、HT 林分林冠截留总量分别为 336.52 mm、244.21 mm、218.98 mm、176.31 mm,截留率分别为 27.47%、19.93%、17.88%、14.39%。

从每场林外降雨量和对应林冠截留量(图 6-2)的散点可以看出,各处理油松人工林林冠截留量开始随着降雨量的增加而增加,增加到一定程度之后达到饱和,截留量增加很小或不再增加。在降雨量为 0~10 mm 时,各处理林冠截留量随降雨量增加最为明显。

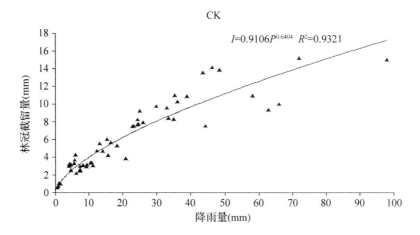

图6-2 油松人工林林冠截留量与降雨量关系(一)

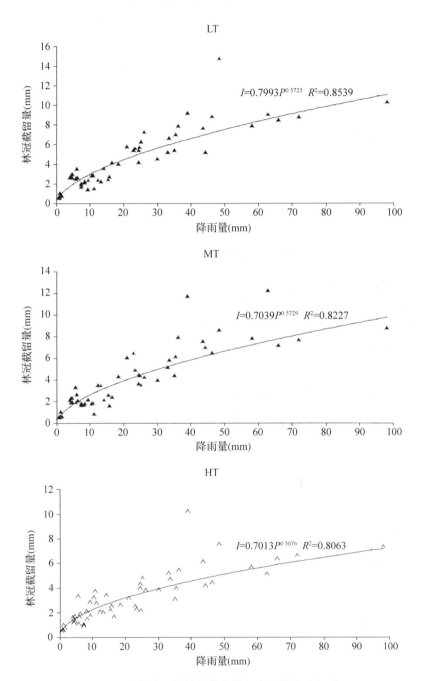

图 6-2 油松人工林林冠截留量与降雨量关系（二）

许多学者对华北地区的油松人工林林冠截留量与降雨量的关系进行了研究,有的认为两者之间存在着幂函数关系,有的则认为存在着线性关系。通过对本实验观测的 56 次降雨事件的林冠截留量和降雨量进行回归分析,从回归模型中根据最大 R^2 值选择最佳的拟合。结果表明,四种处理的油松人工林林冠截留量(I)与总降雨量(P)均呈幂函数关系,拟合方程式分别为:

$$I(CK) = 0.9106P^{0.6404} \quad (R^2 = 0.9321 \quad n = 56)$$
$$I(LT) = 0.7993P^{0.5725} \quad (R^2 = 0.8539 \quad n = 56)$$
$$I(MT) = 0.7039P^{0.5729} \quad (R^2 = 0.8227 \quad n = 56)$$
$$I(HT) = 0.7013P^{0.5076} \quad (R^2 = 0.8063 \quad n = 56)$$

(二)林冠截留率与降雨量关系

各处理林分的林冠截留量都随着降雨量的增加而增加,并逐渐趋向于饱和截留量,其饱和截留量依次为 14.12 mm、8.83 mm、7.93 mm、6.16 mm,达到饱和截留量时的降雨量依次为 46.26 mm、44.27 mm、36.12 mm、43.55 mm;林冠截留量接近或达到饱和截留量后,林冠截留量不再增加。

从油松人工林林冠截留率与降雨量关系(图 6-3)中看出,当降雨量小于 2 mm 时,林冠截留效果十分显著,各密度调控强度截留率均在 70% 以上,降雨全部或大部分被截留。当降雨量小于 10 mm 时,截留率随降水量的增加而下降的幅度较大,林冠对降水截留的效果最为明显,之后随着降水量增加,截留率缓慢下降,当降雨量接近或超过 20.00 mm 时,林冠截留率基本趋于稳定。通过对本实验观测的 56 次降雨事件的林冠截留率和降雨量进行回归分析,从回归模型中根据最大 R^2 值选择最佳的拟合。结果表明,密度调控强度为 CK、LT、MT、HT 林分林冠截留率(I_0)

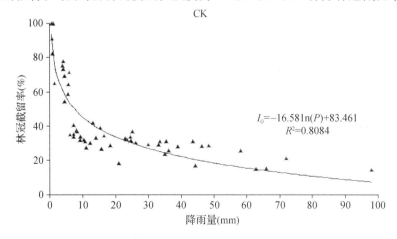

图 6-3　油松人工林林冠截留量与降雨量关系(一)

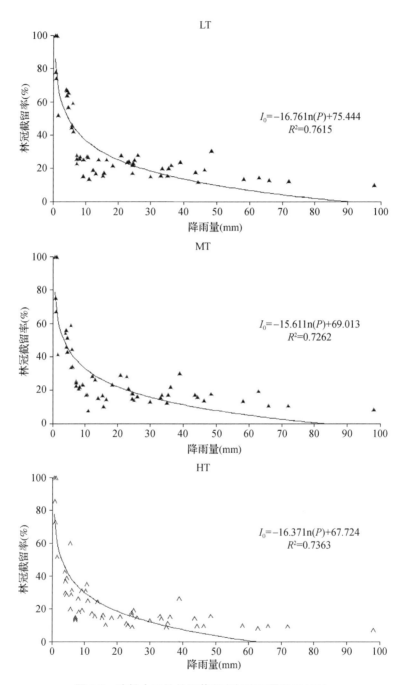

图 6-3　油松人工林林冠截留率与降雨量关系（二）

与总降雨量(P)呈对数函数关系,其拟合方程式分别为:

$$I_0(CK) = -16.58\ln(P) + 83.461 \quad (R^2 = 0.8084 \quad n = 56)$$

$$I_0(LT) = -16.76\ln(P) + 75.444 \quad (R^2 = 0.7615 \quad n = 56)$$

$$I_0(MT) = -15.61\ln(P) + 69.013 \quad (R^2 = 0.7262 \quad n = 56)$$

$$I_0(HT) = -16.37\ln(P) + 67.724 \quad (R^2 = 0.7363 \quad n = 56)$$

二、降雨特征与林冠截流关系

林冠截留不仅与降雨量大小有关,还受降雨特征影响。同样降雨量,因降雨强度和降雨历时不同,林冠截留量表现差异明显,特别是降雨强度,对林冠截留量的影响尤为明显。随着降雨强度的增加,林冠截留率逐渐降低,一般来说降雨强度越大,对枝叶的冲击较大,截留的雨水滴落下来转化成穿透雨的可能性越大,因而林冠截留较小。

表 6-1　林冠截留与降雨强度关

降雨强度	降水次数	降雨量（mm）	截留量(mm)				截留率(%)			
			CK	LT	MT	HT	CK	LT	MT	HT
小雨	22	98.11	50.29	43.19	38.26	30.64	51.25	44.02	38.99	31.23
中雨	16	288.14	91.44	65.67	54.48	45.32	31.73	22.79	18.92	24.11
大雨	13	475.52	134.27	105.79	88.52	70.83	28.23	22.32	18.64	14.91
暴雨	5	363.06	60.52	44.54	43.79	31.37	16.67	12.27	12.06	8.64

表 6-1 为不同密度调控强度林分因降雨强度不同林冠截留的变化。在总共 56 次降雨事件中,小雨发生频率最大,为 22 次,在累积的 22 次小雨事件中,林外总降雨量为 98.11 mm,不同处理的林分截留量分别为 50.29 mm(CK)、43.19 mm(LT)、38.26 mm(MT)、30.64 mm(HT),而截留率分别为 51.25%、44.02%、38.99%、31.23%。小雨事件中各处理林分截留率最大,随着降雨强度增加,截留率减小。当降雨强度为暴雨时,林外总降雨量为 363.06 mm,各处理林分截留量分别为 60.52 mm(CK)、44.54 mm(LT)、43.79 mm(MT)、31.37 mm(HT),而截留率分别为 16.67%、12.27%、12.06%、8.64%。可见,林冠对降雨的截留作用在雨强较小时十分显著,随着降雨强度的增加,林冠截留率减小。

三、冠层的干湿状况对林冠截留的影响

林冠截留降水过程可以看做是枝、叶的湿润到饱和的连续过程。截留量由两部分构成:一部分是降雨过程中湿润树木枝叶表面所需的雨量;另一部分是降雨过

程中林冠拦蓄雨水的蒸发量。因此,当冠层干燥时就可多截留雨水,而冠层比较湿润,截留作用就会减小。

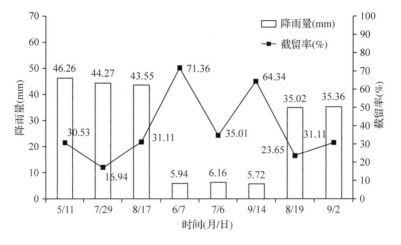

图6-4　降雨强度和降雨量相近事件的林冠截留率对比

图6-4为CK林分2011年生长季单次降雨中林外降雨量以及降雨强度相近时林冠截留率对比。如图所示,7月29日、6月16日、8月19日林分林冠截留率明显小于降雨量相近的5月11日和8月17日、6月7日和9月14日、9月2日。这三次降雨事件发生的前一次降雨分别在7月24日、6月14日、8月18日,时间间隔分别为5天、2天、1天,而其他相近降雨量事件与前一次降雨间隔时间均大于7天。一般一次超过30 mm的降雨事件之后,在无风的状态下林冠需要7天才能完全干燥。因此,在对比的降雨事件中,温度相似且风力同为微风≤3级的气候条件下,7月29日、6月16日、8月19日发生降雨时林冠冠层与其他相近降雨量的降雨事件相比比较湿润,降雨过程中湿润树木枝叶表面所需的雨量小,林冠截留作用小,因此林冠截留率小。

第二节　穿透雨与降雨量关系

根据两年生长季的实测降雨数据得出,CK、LT、MT、HT处理的油松人工林穿透雨总量分别为872.65 mm、952.19 mm、982.51 mm、1013.84 mm,分别占降雨总量的71.25%、77.74%、80.21%、82.77%(图6-5)。

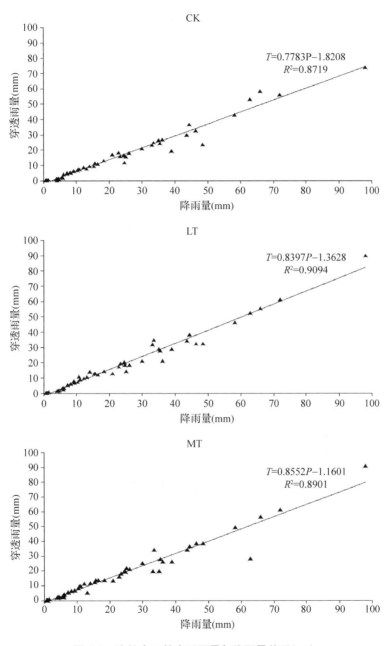

图 6-5　油松人工林穿透雨量与降雨量关系(一)

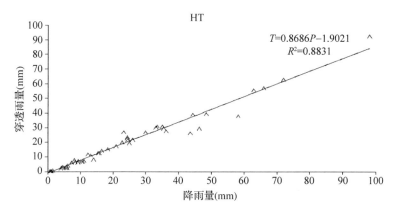

图6-5　油松人工林穿透雨量与降雨量关系(二)

穿透雨量随着林外降雨量的增加而增加,通过对本实验观测的56次降雨事件的各密度调控强度林分的穿透雨量和降雨量进行回归分析,从回归模型中根据最大R^2值选择最佳的拟合。结果表明,穿透雨量(T)与总降雨量(P)之间的关系可以用一元线性回归模型表示,方程式分别为:

$$T(CK) = 0.7783P - 1.8208 \quad (R^2 = 0.8719 \quad n = 56)$$
$$T(LT) = 0.8397P - 1.3628 \quad (R^2 = 0.9094 \quad n = 56)$$
$$T(MT) = 0.8552P - 1.1601 \quad (R^2 = 0.8901 \quad n = 56)$$
$$T(HT) = 0.8686P - 1.9021 \quad (R^2 = 0.8831 \quad n = 56)$$

单因素方差分析表明,在0.05的显著性水平下,各密度调控强度林分的穿透雨量之间无显著性差异。

第三节　树干茎流与降雨量关系

当林外降雨量小于5 mm时,降雨几乎全部被林冠截持,各处理林分树干茎流很少,基本不足0.05 mm,因此认为降雨量小于5 mm时,树干径流为0。CK、LT、MT、HT处理的油松人工林树干茎流总量分别为12.03 mm、27.73 mm、34.51 mm、39.28 mm,分别占总降雨量的0.98%、2.21%、2.81%、3.21%。通常,树干茎流量占总降雨量的比例极小,树干茎流量与树种自身的形态结构密切相关(W R Stogsdill J R,1989)。由于油松侧枝多为水平开张,不利于树枝上的积水向树干集中,且树皮十分粗糙,吸收水分较强,使树干茎流量大幅度减少(肖洋等,2007)。虽然树干茎流量占林外降雨量的比例很小,很多研究中经常被忽略,然而树干茎流对森林水文的作用不容忽视。

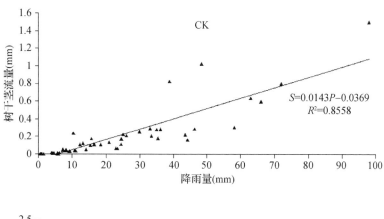

$S=0.0143P-0.0369$
$R^2=0.8558$

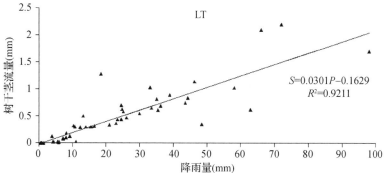

$S=0.0301P-0.1629$
$R^2=0.9211$

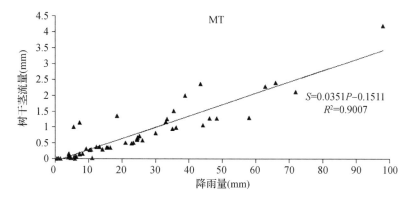

$S=0.0351P-0.1511$
$R^2=0.9007$

图6-6 不同密度调控强度太岳山油松人工林树干茎流量与总降雨量关系(一)

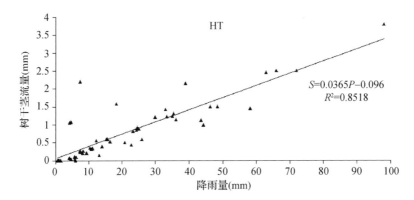

图 6-6　不同密度调控强度太岳山油松人工林树干茎流量与总降雨量关系(二)

从树干茎流和林外降雨量的散点图(图 6-6)可以看出,树干茎流量随着林外降雨量的增加而增加,通过对本实验观测的 56 次降雨事件的林冠截留量和降雨量进行回归分析,从回归模型中根据最大 R^2 值选择最佳的拟合。结果表明,树干茎流量(S)和降雨量(P)之间的关系可以用一元线性回归模型表示,其方程为:

$$S(CK) = 0.0143P - 0.0369 \quad (R^2 = 0.8558 \quad n = 56)$$
$$S(LT) = 0.0301P - 0.1629 \quad (R^2 = 0.9211 \quad n = 56)$$
$$S(MT) = 0.0351P - 0.1511 \quad (R^2 = 0.9007 \quad n = 56)$$
$$S(HT) = 0.0365P - 0.096 \quad (R^2 = 0.8518 \quad n = 56)$$

通过单因素方差分析中可以得出,在 0.05 的显著性水平时,CK 样地的平均树干茎流量显著小于其他密度调控强度样地,树干茎流量与密度调控强度表现出负相关关系($P < 0.05;r = 0.388;n = 56$)。穿透雨量和树干茎流量与降雨量呈显著的线性关系。

CK、LT、MT、HT 处理之间的树干茎流量差异性显著($p < 0.05$),LT、MT 和 HT 三者相邻密度调控强度之间均无显著性差异,LT 和 HT 之间的树干茎流量差异性显著($p < 0.05$)(表 6-2)。

表 6-2　不同处理油松人工林树干茎流量平均值

处理	CK	LT	MT	HT
树干茎流量(mm)	0.14 ± 0.08[a]	0.45 ± 0.37[ab]	0.77 ± 0.43[bc]	0.79 ± 0.51[d]

a、b、c、d 表示不同密度调控强度之间的显著性差异($p < 0.05$)

第四节　枯落物层水文特征研究

一、枯落物储量

枯落物层是土壤与降雨接触前的缓冲面,它可以减弱雨滴的动能,防止雨滴对土壤的击溅,枯落物通过不断的掉落并分解在土壤层中达到改善土壤的结构和性质的作用,从而起到保持水土、涵养水源的功能。准确测定枯落物储量是评价森林功能以及科学经营森林生态系统的基本。枯落物储量与枯落物的掉落量、累计年限以及分解情况有直接关系,同时还受林分状况、环境因素等影响。

表6-3为不同密度调控强度林分枯落物半分解层与未分解层储量对比,从表中可以看出半分解层储量均大于未分解层,CK林分中半分解层储量为5.41t/hm²,占总储量的比例高达55.60%;LT林分中半分解层储量为5.79 t/hm²,占总储量的比例高达66.78%;MT林分中半分解层储量为5.28 t/hm²,占总储量的比例高达68.48%;HT的林分中半分解层储量为4.57 t/hm²,占总储量的比例高达61.51%。随着密度调控强度的增加,枯落物总储量也增加,与此同时半分解层储量一般也增加,然而CK的林分由于林分冠层遮蔽过于严重,阻挡了阳光到达枯落物层,导致林下微生物活动受到影响,进而使枯落物分解速度缓慢,使得半分解层储量小于LT林分。

表6-3　不同处理林地枯落物储量

处理	总量(t/hm²)	半分解层		未分解层	
		储量(t/hm²)	比例(%)	储量(t/hm²)	比例(%)
CK	10.06	5.41	55.6	4.65	44.4
LT	8.67	5.79	66.78	2.88	33.22
MT	7.71	5.28	68.48	2.43	31.52
HT	7.43	4.57	61.51	2.85	38.36

二、枯落物持水能力

枯落物层的持水性能能够充分反映枯落物层水文作用,通常采用枯落物干物质的最大持水量、最大持水深和最大持水率表示枯落物的水文作用。枯落物层的持水能力不仅与枯落物储量有关外,还受林分类型、林龄、林分结构及分解程度等因素影响。

表6-4　不同密度调控强度林地枯落物层持水特征

处理	自然含水率(%)			最大持水率(%)			最大持水深(mm)
	未分解层	半分解层	合计	未分解层	半分解层	合计
CK	53.63	44	276.54	2.93	5.86	8.8
LT	48.43	71.54	281.12	4.59	9.75	14.34
MT	48.89	57.59	311.33	3.54	8.26	11.8
HT	43.41	54.46	280.31	2.1	5.92	8.02

由表6-4可知,除了CK林地未分解层自然含水率大于半分解层,这可能是因为该林分冠层遮蔽过于严重,林下未分解枯落物可接收到的光照十分有限,所含水分蒸发缓慢,未分解层在较长时间内保持湿润;其他各林分枯落物的半分解层自然含水率均大于未分解层,LT林分枯落物两层的含水量差别最明显,达23.11%。不同密度调控强度林分的最大持水率变动范围为276.54%~311.33%,MT、LT最大持水率较高,HT、CK的最大持水率较低,适中的林分密度调控强度使枯落物结构发育合理,最大限度地含蓄水分。一般来说枯落物分解程度越高,其含水量相对越大,所以可以认为分解程度高的枯落物层的持水能力越大。最大持水深变化范围为8.02~14.34 mm,LT林分的枯落物最大持水深最大,为14.34 mm;HT林分枯落物最大持水量最小,为8.02mm。林下枯落物均表现出半分解层最大持水量大于未分解层的现象,说明半分解层在枯落物拦蓄降水的过程中起主要作用。最大持水率和最大持水深呈现的大小排序不相同,这是因为最大持水率还要受到枯落物结构和蓄积量的影响,枯落物的持水能力还因枯落物分解程度的不同而不同。综上可知一般来说随着枯落物储量的增加,最大持水量,然而对于CK林分,未分解层占据了较大的比例,而半分解层在枯落物拦蓄降水的过程中起主要作用,所以最大持水量小于LT林分。

三、枯落物持水过程分析

枯落物的吸水速度与浸泡时间存在一定关系,吸水总量还与其分解程度有关。通过浸水实验,观察和分析了不同分解程度枯落物的持水过程。

从密度调控强度林分枯落物未分解层持水重量随浸泡时间的变化关系(图6-7)可以看出不同密度调控强度下均表现出在开始浸泡的第1个小时内,持水量快速上升,尤其在前30 min枯落物持水重量急剧增加;随后变化逐渐平缓至不增加或略有变化,一般浸泡约8~10 h后未分解层枯落物持水量达到其最大值。在前30 min内HT处理下枯落物持水量增加最少,为30.92 g,持水量最多的是CK的,为36.83 g。LT处理的最大持水量最高,为52.31 g,HT处理的最大持水量最低,为

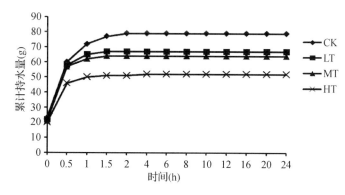

图6-7 不同密度调控强度林地枯落物未分解层持水过程

39.84 g。可以认为未分解层枯落物在拦蓄降水和径流时,在开始阶段发挥的功能较强,随后随着吸持水量增加,湿润程度增加,吸持能力降低,直至达到饱和,即未分解层持水能力受自身干燥程度影响。

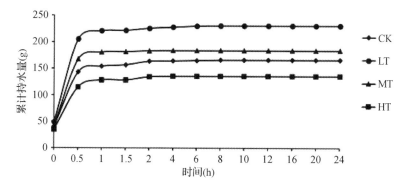

图6-8 不同密度调控强度林地枯落物半分解层持水过程

图6-8为各密度调控强度林分枯落物半分解层持水重量随浸泡时间的变化关系。前30 min内吸水迅速,然后吸水量增加变慢,曲线逐渐平缓;浸泡1~1.5 h枯落物吸水短暂停滞,吸水总量不变,约30 min后继续开始吸水,这可能是与前期迅速吸水后使枯落物结构发生变化有关;一般浸泡6 h左右吸水量不再增加,达到饱和。在前30 min内HT处理的枯落物持水量最少,为80.10 g,持水量最多的是LT处理,为156.73 g;LT的最大持水量最高,为182.12 g,HT的最大持水量最低,为100.42 g。

枯落物吸持水的速度和总量与枯落物的干燥程度、枯落物分解程度和枯落物结构有关,枯落物越干燥,吸持水的速度越快;枯落物分解越完全,短时间内的吸持水量越大。枯落物分解层和未分解层均表现出前1 h内吸水速率达最大值,吸水迅速,随后吸水量缓慢增加,未分解层浸泡 8~10 h 至饱和,半分解层需 6 h 左右,降水落到枯落物层时半分解层先达到饱和,降水持续累积,枯落物持水效果降低,对土壤的保护作用和地表径流形成的阻滞作用都减小。半分解层持水总量远多于未分解层,说明半分解层是枯落物水文效应的主要实现者。LT 处理下枯落物半分解层持水效果最显著,整个枯落物层持水量最大,说明其涵养水源的能力最强。

第五节　土壤层水文特征研究

一、土壤物理性质及蓄水能力分析

土壤层是森林水分贮存的主要场所,而土壤的水文功能主要由其物理性质决定,包括土壤厚度、容重、孔隙度等,这些指标直接影反映了土壤贮水、渗透能力以及地表径流的产生。在这些物理特性中,容重是土壤紧实度的一个指标,土壤容重与土壤质地、压实状况、土壤颗粒密度、土壤有机质含量及各种土壤管理措施有关。土壤越疏松多孔,容重越小,土壤越紧实,容重越大。林地土壤容重较低,土壤孔隙度较大,土壤中水稳性团粒结构数量较多,土壤持水导水等方面的性能就好,土壤入渗入渗速率快,入渗量也大。土壤孔隙组成则直接影响土壤通气和透水性,对土壤中气、水、肥、热和微生物活性等均发挥着重要的调节作用。土壤的持蓄水能力随着毛管孔隙度增大而增大,而土壤入渗能力则由非毛管孔隙度决定(王燕等,2008)。

表 6-5　不同处理林地土壤物理性质和持水能力表

处理	土壤层深度(cm)	土壤容重(g/cm³)	非毛管孔隙度(%)	毛管孔隙度(%)	总孔隙度(%)	最大持水量(mm)	非毛管持水量(mm)
CK	0~20	1.4	34.43	23.72	58.15	41.61	24.64
	20~40	1.53	18.31	26.48	44.79	29.36	10.00
	40~60	1.55	6.56	24.64	31.2	20.1	2.22
	均值	1.49	19.77	24.95	44.71	30.36	12.29
LT	0~20	1.32	31.29	22.87	54.16	37.07	19.72
	20~40	1.34	30.25	18.79	49.04	36.58	22.56
	40~60	1.43	26.00	15.87	41.87	33.04	21.93
	均值	1.36	29.18	19.18	48.36	35.56	21.4

（续）

处理	土壤层深度（cm）	土壤容重（g/cm³）	非毛管孔隙度（%）	毛管孔隙度（%）	总孔隙度（%）	最大持水量（mm）	非毛管持水量（mm）
MT	0~20	1.23	43.79	6.91	50.7	36.84	30.75
	20~40	1.35	41.56	8.23	49.79	41.28	35.65
	40~60	1.41	39.31	6.44	45.75	32.54	27.96
	均值	1.33	41.55	7.20	48.75	36.88	31.45
HT	0~20	1.42	26.28	21.28	47.56	33.05	18.27
	20~40	1.43	23.2	19.03	42.23	32.65	15.71
	40~60	1.44	22.23	23.98	46.21	29.56	16.24
	均值	1.43	23.90	21.43	45.33	31.75	16.74

土壤容重在不同密度调控强度林分都表现出随土壤深度增加容重逐渐增大的趋势（表6-5）。不同密度调控强度0~20 cm土层容重大小排序为：MT（1.23 g/cm³）＜LT（1.32 g/cm³）＜CK（1.40 g/cm³）＜HT（1.42 g/cm³）；20~40 cm土层容重大小排序为：MT（1.34 g/cm³）＜LT（1.35 g/cm³）＜HT（1.43 g/cm³）＜CK（1.53 g/cm³）；40~60 cm土层容重大小排序为：MT（1.41 g/cm³）＜LT（1.43 g/cm³）＜CK（1.44 g/cm³）＜HT（1.55 g/cm³）。不同密度调控强度土壤容重均值排序为：MT（1.33 g/cm³）＜LT（1.36 g/cm³）＜HT（1.43 g/cm³）＜CK（1.49 g/cm³）。容重大的土壤的透水性、通气性较好，植物根系伸展的阻力情况也小，即CK的林分的土壤结构比较理想。

非毛管孔隙度、总孔隙度、最大持水量变化趋势相同，都表现为随着土壤深度的增加而逐渐减小。各林分非毛管孔隙度均值递变趋势为：MT（41.55%）＞LT（29.18%）＞HT（23.90%）＞CK（19.77%）；总孔隙度均值变化为：MT（48.75%）＞LT（48.36%）＞HT（45.33%）＞CK（44.71%）；最大持水量均值排序为：MT（36.88 mm）＞LT（35.56 mm）＞HT（31.75 mm）＞CK（30.36 mm）。这一结果表明土壤非毛管孔隙度、总孔隙度、最大持水量变化趋势与土壤容重变化相反。

森林枯落物分解以及森林土壤有机质和腐殖质的多样性是造成这种变化格局的主要原因。从表层到深层，土壤容重逐渐增大，说明由枯落物长期腐烂积累形成的表层土壤疏松多孔，结构性好。而且深层土壤有机质含量比浅层土壤低，矿质含量高，容重增大。密度调控强度适中林分的土壤发育的好，土壤肥力和结构合理，反映在物理性质上就是土壤容重小，持水量多。

降水落到林地表面后，未能进入土壤的部分最终会形成径流，离开森林生态系统,土壤是森林生态系统涵养水源功能的主要承担者,土壤最大持水量反映了土壤的最大贮水能力,非毛管持水量反映了土壤调节水分的能力。非毛管孔隙度大的土壤通透性好,有利于水分下渗,降水可以较快地到达下层土壤,能有效防止洪水的发生。

二、土壤入渗性质分析

土壤入渗能力直接影响水分在土壤中的移动,影响土壤水分入渗的因素很多,包括土壤结构、质地、孔隙度、有机质含量等,入渗能力高的土壤在降雨达到土壤层后能够很快地转移到土壤中或者地下,转化为土壤中流以及地下水,从而减少地表径流产量。一般认为土壤渗透性能越好,产生的地表径流量就会越少,土壤侵蚀也会越少。

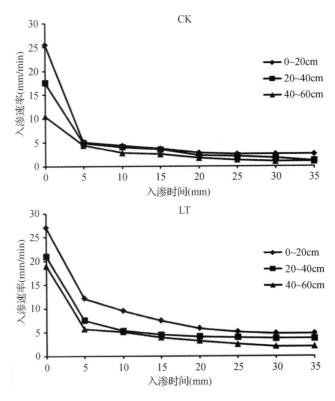

图6-9   不同密度调控强度林地土壤入渗速率分析(一)

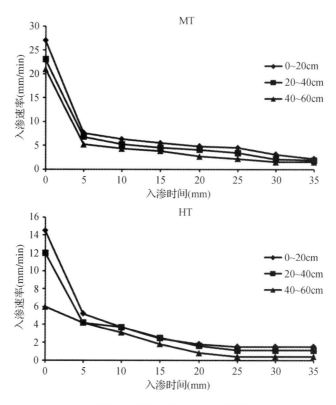

图 6-9　不同密度调控强度林地土壤入渗速率分析(二)

从图 6-9 可以看出,不同密度调控强度下的土壤在相同浸水时间内,由浅层到深层,入渗速率呈减小的趋势。各密度调控强度林地土壤起始入渗速率是很大,随着入渗过程的继续,速率越来越慢。无论是起始速率还是稳定速率都表现出表层大于深层,随着入渗速率的逐渐稳定,差距越来越小。在前 5 min 入渗速率降幅很大,之后慢慢减小直到稳定。各密度调控强度 0～20cm 土层入渗速率达到稳定的时间分别为:30 min(CK)、25 min(LT)、35 min(MT)、20 min(HT);各密度调控强度 20～40cm 土层入渗速率达到稳定的时间分别为:30 min(CK)、35 min(LT)、35 min(MT)、25 min(HT);各密度调控强度 40～60 cm 土层入渗速率达到稳定的时间分别为:30 min(CK)、30 min(LT)、20 min(MT)、15 min(HT)。土壤入渗性能与土壤孔隙的大小和数量密切相关。土壤孔隙度大,其持水空间就越大,可蓄积的水量越多,相同入渗速率下达到饱和所需的时间越长。

表6-6 不同处理土层渗透性能对比

处理	密度调控强度	土壤层次（cm）	渗透速率（mm/min）			稳渗时间（min）
			初渗速率	稳渗速率	平均速率	
CK	0.8	0~20	25.50	2.50	5.97	25
		20~40	17.50	1.10	5.21	35
		40~60	10.50	0.98	4.49	30
LT	0.7	0~20	27.00	4.70	8.91	30
		20~40	21.00	3.70	6.07	30
		40~60	19.00	2.00	4.41	30
MT	0.6	0~20	27.00	2.20	5.72	35
		20~40	23.00	1.90	4.02	35
		40~60	21.00	1.50	2.70	20
HT	0.5	0~20	14.50	1.50	3.74	20
		20~40	12.00	1.10	2.79	25
		40~60	6.00	0.40	1.20	15

从表6-6可以看出，各处理0~20 cm土层初渗速率大小排序为：27.00 mm/min（LT）=27.00 mm/min（MT）>25.50 mm/min（CK）>16.50 mm/min（HT）；20~40 cm土层排序为：23.00 mm/min（MT）>21.00 mm/min（LT）>17.50 mm/min（CK）>12.00 mm/min（HT）；40~60 cm土层依从大到小依次为：21.00 mm/min（MT）>19.00（LT）mm/min（MT）>10.50 mm/min（CK）>6.00 mm/min（HT）。稳渗速率变化趋势为，0~20 cm土层：4.70 mm/min（LT）>2.50 mm/min（CK）>2.20 mm/min（MT）>1.50 mm/min（HT）；20~40 cm土层：3.70 mm/min（LT）>1.90 mm/min（MT）>1.10 mm/min（CK）>0.40 mm/min（HT）；40~60 cm土层依从大到小依次为：2.00 mm/min（LT）>1.50 mm/min（MT）>0.98 mm/min（CK）>0.40 mm/min（HT）。综合比对各层的平均速率，HT的林分的土壤各层入渗速率均为最小，而LT林分土壤入渗速率较大，降水在其地表较快地下渗，在地表停留时间短，对地表径流形成过程的阻滞作用明显。

第六节 地表径流特征研究

地表径流和泥沙一般发生在降雨量大于10 mm的事件中，以7、8、9月份为主，CK、LT、MT、HT的林分总径流量分别为24.81 mm、20.63 mm、28.11 mm、34.98 mm，总泥沙量分别为1.88 kg/hm²、1.78 kg/hm²、3.03 kg/hm²、4.32 kg/hm²。

降雨在经过林冠层和枯落物层截留作用以及土壤入渗之后，产生地表径流，地表径流是土壤侵蚀的主要动力,同时也能导致洪水的产生。地表径流能反映流域内森林植被、土壤状况、气候等综合水文特征,同时是衡量森林涵养水源、保持水土、减少洪峰等生态作用的基本指标。

一、地表径流的月变化

通过 2012 年生长季 5~9 月份对不同密度调控强度的林分设置的 4 个简易径流场的观测发现,在总共的 26 场降雨事件中,产生径流的事件为 13 次,占总降雨次数的 50%,并且大部分都发生在 7、8、9 月份,7、8、9 月份分别发生 5 次、3 次、3 次,分别占产生径流的事件次数的 38.46%、23.07%、23.07%。CK 处理林地 7、8、9 月份径流量占径流总量比例分别为 55.93%、19.01%、19.86%;LT 处理林地分别为 56.67%、17.57%、19.78%;MT 处理林地分别为 54.92%、17.24%、21.69%;HT 处理林地分别为 60.27%、19.82%、14.26%。

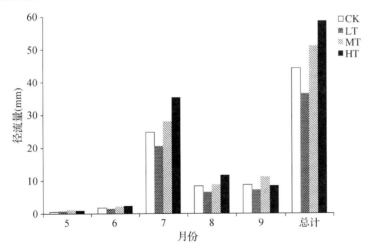

图 6-10　不同处理林地地表径流月变化

从不同样地的径流量进行月份统计图(图 6-10)可以看出 5、6 月份径流量明显小于其他 3 个月,而径流最大发生在 7 月份,CK、LT、MT、HT 的林分径流量分别为 24.81 mm、20.63 mm、28.11 mm、34.98 mm。整个生长季的径流总计中,LT 林分最小,为 36.40 mm,HT 林分径流总量最大,为 58.71 mm。

二、单次降雨事件表径流分析

在 13 场产流事件中,降雨量都大于 10 mm,最小为 5 月 18 日的 10.40 mm,最大为 7 月 9 日的 98.12 mm。从降雨量数据可以看出,随着降雨量的增大,各密度调控强度的径流量几乎全部都在增加,并没有像林冠截留与降雨量的幂函数关系,在降雨量增加到一定的阶段达到饱和状态。然而,降雨特征的不同也同样是影响径流量的一个重要因素。如6月29日的22.88 mm的降雨事件中,CK、LT、MT、HT处理的林分径流量分别为1.93 mm、1.62 mm、2.33 mm、2.39 mm,而在8月18日的降雨量为24.66 mm的降雨事件中,CK、LT、MT、HT处理林分径流量分别为1.75 mm、1.51 mm、2.13 mm、1.78 mm。虽然降雨量有所增加,但4种林分的径流量都减小了。这就是由于6月29日发生的降雨事件降雨强度为8.7 mm/min,是典型的中雨,而8月18日发生的降雨强度为10.8 mm/min,雨强大,历时短,导致降雨多以地表径流形式产生(表6-7)。

表6-7   单次降雨事件地表径流分析

日期	降雨量（mm）	径流量（mm）				泥沙量（kg/hm²）			
		CK	LT	MT	HT	CK	LT	MT	HT
5月18日	10.40	0.55	0.67	1.01	0.91	0.15	0.085	0.35	0.53
6月29日	22.88	1.93	1.62	2.33	2.39	0.27	0.17	0.38	0.56
7月8日	66.42	5.92	4.37	5.99	7.68	0.59	0.32	0.59	0.90
7月9日	98.12	9.33	8.49	11.20	4.82	0.13	0.59	0.68	1.16
7月13日	11.13	0.56	0.67	1.08	0.92	0.16	0.15	0.27	0.39
7月25日	18.41	1.32	1.21	1.74	1.92	0.15	0.17	0.34	0.40
7月28日	26.06	2.06	1.71	2.37	3.17	0.52	0.14	0.35	0.52
7月30日	62.91	5.62	4.17	5.69	6.89	0.60	0.38	0.70	0.82
8月3日	72.00	6.50	4.77	6.51	9.75	0.14	0.37	0.76	0.80
8月18日	24.66	1.75	1.51	2.13	1.78	0.17	0.15	0.37	0.53
9月1日	15.72	1.25	1.08	1.64	1.32	0.44	0.16	0.25	0.36
9月2日	48.40	4.20	3.51	5.17	3.94	0.39	0.51	0.59	0.75
9月17日	38.90	3.36	2.61	4.38	3.30	0	0.41	0.55	0.56

从单次降雨事件径流量分析,LT处理林分几乎每次降雨事件发生后产生的地表径流量均小于其他林分。综上可知,在相同降雨特征的条件下,LT处理的林分产生地表产流量最小,减缓洪水能力最强。

三、泥沙量的月变化分析

从不同样地的泥沙量月份统计(图6-11)可以看出5、6月份泥沙量明显小于其他3个月,泥沙量最大发生在7月份,CK、LT、MT、HT处理林分整个生长季泥沙总量分别为1.88 kg/hm²、1.78 kg/hm²、3.03 kg/hm²、4.32 kg/hm²。其中,LT处理林分同样最小,为1.78 kg/hm²,HT处理林分最大,为4.32 kg/hm²。

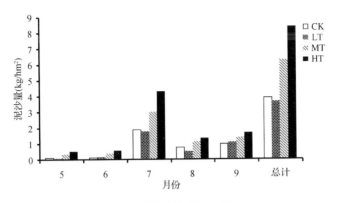

图 6-11　不同处理林分泥沙量月变化

从表 6-7 泥沙量变化可以看出,随着降雨量的增大,各密度调控强度的泥沙量都在增加。泥沙含量在相似降雨量的情况下与降雨强度和历时也有很大关系。LT 处理林分几乎每次降雨事件发生后产生的泥沙量都小于其他林分综上可知,在相同降雨特征的条件下,LT 处理的林分在降雨发生时产生泥沙量最小,减小雨水侵蚀土壤能力最强。

四、单次降雨事件泥沙量分析

在观测期间,同样产生泥沙的降雨量均大于 10 mm,最小降雨量为 5 月 18 日的 10.40 mm,最大为 7 月 9 日的 98.12 mm。最小降雨时各密度调控强度泥沙量分别为 0.11 kg/hm² (CK)、0.085 kg/hm² (LT)、0.35 kg/hm² (MT)、0.53 kg/hm² (HT);最大降雨时各密度调控强度泥沙量分别为 0.59 kg/hm² (CK)、0.59 kg/hm² (LT)、0.68 kg/hm² (MT)、1.16 kg/hm² (HT)。泥沙含量一般都是随着降雨量的增加然而,降雨特征同样也是一个重要影响因素。如 6 月 29 日降雨量为 22.88 mm 的降雨事件中,各密度调控强度泥沙量分别为 0.15 kg/hm² (CK)、0.17 kg/hm² (LT)、0.38 kg/hm² (MT)、0.56 kg/hm² (HT),而在 7 月 28 日的降雨量为 26.06mm 的降雨事件中,泥沙量分别为 0.15kg/hm² (CK)、0.14kg/hm² (LT)、0.35 kg/hm² (MT)、0.52 kg/hm² (HT),在 8 月 18 日的降雨量为 24.66 mm 的降雨事件中,泥沙量分别为 0.14 kg/hm² (CK)、0.15 kg/hm² (LT)、0.37 kg/hm² (MT)、0.53 kg/hm² (HT)。虽然 7 月 28 日的降雨量相比最大,但四种林分的泥沙量没有增大,甚至小于其他两个日期。这就是由于 6 月 29 日发生的降雨事件降雨强度为 8.7 mm/min,7 月 28 日发生的降雨事件降雨强度为 6.9 mm/min,而 8 月 18 日发生的降雨强度为 10.8 mm/min,雨强大,历时短,导致降雨对土壤侵蚀严重。

结合单次降雨事件泥沙量以及泥沙量月份动态可知,LT 林分几乎每次降雨事件发生后产生的泥沙量均小于其他林分。综上可知,在相同降雨特征的条件下,密度调控强度为 LT 的林分产生泥沙量最小,减缓土壤侵蚀能力最强。

第七节　结　语

　　与已有的华北地区油松人工林水文生态效应研究成果比较,赵焕胤等、莎仁图雅等、肖洋等研究的林冠截留率为 31.67%~33.04%,高于我们研究的对照油松林人工林冠平均截留率(27.47%),主要原因可能在于大青山区和北京密云水库分别为 30a 生以及 33a 生中龄林,而本实验为 20a 幼林龄;内蒙古东部地区 22a 生油松人工林冠外降雨小雨、中雨发生频率高于本试验区,使得林冠层能够充分截持雨量。此外,对于同样在太岳山国有林管理局进行的油松研究,曾杰所研究的 34a 生对照油松人工林冠截留率为 15.9%,HT 的为 13.6%,分别小于本实验所研究的CK 的 27.47% 和 HT 的 17.88%。主要原因可能在于,他所研究的对照的油松林密度为 1035 株/hm^2,强度密度调控林分的密度为 739 株/hm^2,远小于本研究油松林的 6024 株/hm^2 和 4238 株/hm^2。综上可知,影响林冠截留分配效应的主导因素是降水特征(包括降水量、降水过程以及降水形态等)与林分状况(包括林分郁闭度、林龄、林木密度等)。而对于其他影响因素相近的条件下,林冠截留能力与林分密度表现出显著的正相关关系,密度越大林分,林冠截留能力越强。

　　太岳山国有林管理管理局油松人工林不同强度密度调控林分枯落物蓄积量范围为 7.43~10.86 t/hm^2,与华北其他地区相比,与白晋华在文峪河流域次生林区的研究相近(11.90 t/hm^2)(白晋华,2009),比北京山区人工油松林枯落物现存量(6.37 t/hm^2)多(王士永,2011),低于山西文峪河流域油松林枯落物储量(18.62 t/hm^2)(郭汉清,2006),更少于冀北山地(33.93 t/hm^2)(梁文俊,2012)。造成这些差异的原因可能是北京山区油松林组成较单纯,层次结构简单,覆被率不高,林分密度小,而且分布在阴坡;山西文峪河流域油松分布在半阳坡,林分密度也比较合理。枯落物未分解层蓄积量为半分解层的 1.6~3 倍。最大持水率变化范围 274.54%~311.33%,最大持水深变动范围 8.02~14.34mm,半分解层持水作用比未分解层大,与北京山区(齐记,2011)相比,由于两地枯落物未分解层、半分解层组成比例基本一致,枯落物持水规律也相同。由于枯落物蓄积量、结构和分解程度等的不同,最大持水率和最大持水深大小排序不同,综合两者考虑,LT 的林分下的枯落物持水作用最显著。

　　枯落物储量随着林分郁闭度的增加而增加,CK 林分储量最大,为 10.86 t/hm^2。一般来说枯落物分解程度越高,其含水量相对越大,所以可以认为分解程度高的枯落物层的持水能力越大。CK 林分由于冠层过高,遮蔽过于严重,从而影响到枯落物的分解,最大持水率和最大吃水深均小于郁闭度适中林分。LT 林分枯落物最大持水率仅次于 MT,为 281.12% ,最大持水深为最大,14.34mm。综合考虑最大持水率和最大持水深,MT 的林分下的枯落物水文功能表现的最好。

对枯落物层持水过程研究中,未分解层和半分解层总体吸水趋势相同,均在前 30min 持水量迅速增加,然后增加速率逐渐变缓,直至饱和。未分解层 8~10h 达到饱和,半分解层需 6h 左右。相同时间内,半分解层吸水量比未分解层多,这与宋庆丰在河北雾灵山的研究结果以及王士永等在北京山区结果一致。

对于立地条件相似的情况下,林分密度越大,林冠截留量和林冠截留率越大,截留能力越强,然而在单次降雨事件的地表径流量对比中可以发现,CK 林分地表径流量大于 LT,LT 林分几乎每次降雨事件发生后产生的地表径流量均为最小,减缓洪水能力最强。主要原因是枯落物层持水发挥了很大的作用,尽管 CK 林分枯落物层储量最大,但是由于林分冠层遮蔽过于严重,阻挡了阳光到达枯落物层,导致林下微生物活动受到影响,进而使枯落物分解速度缓慢,大部分都以未分解层形式存在,而枯落物层持水主要是由半分解完成,因此综合可知 LT 林分枯落物层持水效果最好,同时也使得每次降雨事件发生后产生的地表径流量均为最小,达到最好的保持水土的作用。

本书研究分别从林冠层、枯落物层、土壤层以及地表径流等方面对比了山西太岳山国有林管理局不同密度的油松人工林的水文生态功能,得出了该地区水源涵养林的经营方向。同时由于客观条件的限制,实验过程中也存在一定的局限性,现概括总结如下:

(1)在对林冠截留的测定中可以尽可能地多设置林内穿透雨以及树干茎流的观测点数,并且在降雨后及时测定,避免收集桶爆满影响数据的准确性,同时改进传统的设备,如用数字雨量仪进行布设测定林内穿透雨,用树干茎流测定仪代替简陋的塑料管测定都能够提高野外数据的准确性。

(2)对于地表径流的测定,本文自制的简易径流场虽然能够反映一定的问题,但是偏差性仍然存在,因此在有条件的情况下应该采用混凝土设置,并且配置自动记录仪器及时记录地表径流量以及泥沙量。

(3)综合对比各密度林分林冠层、枯落物层、土壤层、地表径流以及泥沙等方面的水文状况,LT 林分水文生态作用最大,然而试验区大部分林分密度较大,因此建议进行人工采伐,使得油松人工林发挥最大的水文生态作用。

第七章　油松人工林针叶光合作用对密度调控的响应

第一节　油松人工林冠层光合生理特性的空间异质性

一、不同叶龄和冠层部位上净光合速率的变化特征

不论是阳坡还是阴坡,净光合速率(P_n)在油松不同叶龄针叶间差异性显著($P < 0.01$)。在同一冠层部位,随着叶龄的增长,P_n整体呈现出递减的趋势,即当年生针叶P_n最大,1年生针叶次之,2年生针叶最小。其中P_{max}整体在(7.90 ± 0.94)~(5.76 ± 0.58)μmol CO_2/$(m^2 \cdot s)$之间随叶龄的增长递减。

不论是阳坡还是阴坡,冠层部位显著影响油松针叶P_n($p < 0.01$),P_n整体呈现出上层部位大于中层,下层部位最小的变化趋势。当光和有效辐射(RPA)$\leqslant$ 200μmol/$(m^2 \cdot s)$时,各冠层间P_n差异性不明显($p > 0.01$);当RPA > 200 μmol/$(m^2 \cdot s)$后,各层间P_n存在显著差异,其中阴坡各冠层间P_n差异性更显著($p < 0.001$)。另外P_{max}在不同坡向上也存在一定差异,阳坡:上层(6.56 ± 0.96)μmol CO_2/$(m^2 \cdot s)$ > 中层(6.26 ± 0.54)μmol CO_2/$(m^2 \cdot s)$ > 下层(6.05 ± 0.55)μmol CO_2/$(m^2 \cdot s)$;阴坡:上层(7.20 ± 0.60)μmol CO_2/$(m^2 \cdot s)$ > 中层(6.73 ± 0.39)μmol CO_2/$(m^2 \cdot s)$ > 下层(5.17 ± 0.59)μmol CO_2/$(m^2 \cdot s)$(图7-1)。

$yIU = -4E - 0.6x^2 + 0.011x + 0.466$($R^2 = 0.942, p < 0.01$);$yIM = -4E - 0.6x^2 + 0.010x + 0.595$($R^2 = 0.926, p < 0.01$);

$yIL = -4E - 0.6x^2 + 0.009x + 0.359$($R^2 = 0.922, p < 0.01$);$yIB = -5E - 0.6x^2 + 0.011x + 0.149$($R^2 = 0.9542, p < 0.01$);

$yIA = -4E - 0.6x^2 + 0.009x + 0.684$($R^2 = 0.925, p < 0.01$);$yIT = -4E - 0.6x^2 + 0.009x + 0.323$($R^2 = 0.927, p < 0.01$);

$yIU = -4E - 0.6x^2 + 0.011x + 0.466$($R^2 = 0.942, p < 0.01$)$yIIU = -4E - 0.6x^2 + 0.011x + 0.730$($R^2 = 0.931, p < 0.01$);

$yIIM = -5E - 0.6x^2 + 0.011x + 0.717$($R^2 = 0.904, p < 0.01$);$yIIL = -3E -$

$0.6x^2 + 0.008x + 0822(R^2 = 0.889, p < 0.01)$;

$yⅡB = -5E - 0.6x^2 + 0.012x + 0.565(R^2 = 0.933, p < 0.01)$; $yⅡA = -5E - 0.6x^2 + 0.011x + 0.599(R^2 = 0.916, p < 0.01)$; $yⅡU = -4E - 0.6x^2 + 0.009x + 0.788(R^2 = 0.901, p < 0.01)$

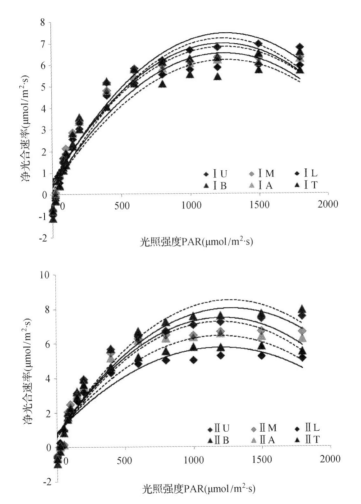

图7-1 不同光照时油松不同叶龄和冠层部位针叶的净光合速率

实线:代表冠层 canopy positions;虚线:代表叶龄 leaf ages; Ⅰ:代表阳坡 the shady slope;

Ⅱ:代表阴坡 the sunny slope;U:上冠层 Upper;M:中冠层 Middle;L 下冠层 Lower;

B:当年生针叶 The needle born;A:一年生针叶 Annual needles;T:两年生针叶 Born in two needles

二、不同叶龄和冠层部位上其他光合特征参数的变化特征

不同叶龄油松针叶间的光合特征参数存在差异。光饱和点、光补偿点、光下暗呼吸均表现出当年生针叶大于 1 年生针叶，2 年生针叶最小的趋势；光饱和点、光补偿点、暗呼吸最大值，不同坡向上均出现在当年生针叶，阳坡分别为（954.8 ± 182.9）、（38.6 ± 10.1）、（0.731 ± 0.139）μmol CO_2/（m^2 · s）；阴坡分别为（748.3 ± 190.1）、（25.4 ± 16.7）、（0.586 ± 0.260）μmol CO_2/（m^2 · s）。表观量子效率 α 和 CO_2 羧化效率最大值出现在阴坡的当年生针叶，分别为（0.0325 ± 0.0020）［μmol CO_2/（m^2 · s）］、（0.0165 ± 0.0050），CO_2 羧化效率在阴坡表现出当年生叶大于 1 年生叶，2 年生叶最小，阳坡刚好相反（表7-1）。

表7-1 油松不同叶龄针叶的主要光合生理特征指标

坡向	叶龄	光饱和点 [μmol CO_2/（m^2·s）]	光补偿点 [μmol CO_2/（m^2·s）]	暗呼吸 [μmol CO_2/（m^2·s）]	CO_2 羧化效率 [μmol CO_2/（m^2·s）]	表观量子效率
阳坡	当年生叶	954.8 ± 182.9	38.6 ± 10.1	0.731 ± 0.139	0.0128 ± 0.0033	0.0260 ± 0.0045
	1 年生叶	716.8 ± 156.3	21.6 ± 10.5	0.400 ± 0.150	0.0145 ± 0.0036	0.0278 ± 0.0076
	2 年生叶	633.4 ± 122.9	16.1 ± 10.3	0.277 ± 0.190	0.0150 ± 0.0040	0.0248 ± 0.0023
阴坡	当年生叶	748.3 ± 190.1	25.4 ± 16.7	0.586 ± 0.260	0.0165 ± 0.0050	0.0325 ± 0.0020
	1 年生叶	570.9 ± 93.70	14.9 ± 4.53	0.324 ± 0.132	0.0163 ± 0.0011	0.0305 ± 0.0023
	2 年生叶	521.9 ± 126.4	13.8 ± 10.3	0.290 ± 0.120	0.0143 ± 0.0026	0.0278 ± 0.0014

不同冠层部位针叶间光合特征参数差异明显（表 7-2），上层部位的针叶暗呼吸、LSP、LCP，大于中层，下层最小。其中 LSP、LCP 上层和中层部位的差异阳坡相对较小，阴坡较大，阳坡分别为 5.39%、11.2%，阴坡 17.1%、48%；中层与下层的差异阳坡相对较大，而阴坡相对较小，阳坡分别为 17.2%、54.1%，阴坡分别为 10.9%、11.1%；而暗呼吸各层间差异都很大，各层间阳坡分别高出 28.4% ~ 66.1%，阴坡分别高出 32.5% ~ 107%；表观量子效率 α 表现出中层大于上层，下层最小的变化趋势，上层和下层之间差值较小阳坡和阴坡分别为 1.96%、2.96%。油松在冠层纵向上，上层针叶具有较高的 LSP、LCP、光下暗呼吸 Rd，但具有相对较低的表观量子效率，这说明上层具有较强的利用强光照的能力；而中下层具有较低的 LSP、LCP、暗呼吸，但具有相对较高的表观量子效率，这说明中下层针叶具有较强的利用弱光的能力。

通过以上分析可知，油松光合生理特性指标不仅在树冠不同部位和不同叶龄上表现出差异性，在太岳山国有林管理局油松人工林不同坡向上也呈现出较大的差异。通过对油松光响应曲线和 CO_2 响应曲线相关指标的比较分析（图 7-2、表 7-1、表 7-2），无论是树冠的冠层部位上，还是叶龄上，阴坡大多数表现出较高的表观

量子效率、最大净光合速率（P_{max}）；阳坡大多数表现出较高光饱和点、光补偿点、暗呼吸、CO_2羧化效率。

表7-2　油松不同冠层部位针叶的主要光合生理特征指标

坡向	冠层	光饱和点 [$\mu mol\ CO_2/(m^2 \cdot s)$]	光补偿点 [$\mu mol\ CO_2/(m^2 \cdot s)$]	暗呼吸 [$\mu mol\ CO_2/(m^2 \cdot s)$]	CO_2羧化效率 [$\mu mol\ CO_2/(m^2 \cdot s)$]	表观量子效率
阳坡	上层	744.4±69.40	22.8±12.3	0.560±0.310	0.0188±0.0023	0.0260±0.0010
	中层	706.3±166.4	20.5±11.8	0.433±0.170	0.0137±0.0042	0.0274±0.0087
	下层	602.2±105.7	13.3±4.64	0.337±0.150	0.0190±0.0015	0.0255±0.0015
阴坡	上层	651.1±183.4	22.2±11.5	0.481±0.258	0.0175±0.0025	0.0278±0.0038
	中层	556.2±95.90	15.0±6.50	0.363±0.160	0.0158±0.0013	0.0301±0.0028
	下层	501.7±156.6	13.5±6.88	0.232±0.110	0.0135±0.0035	0.0270±0.0040

第二节　油松人工林冠层光合生理特性对密度调控的响应

一、光合日进程对密度调控的响应

不同密度油松人工林，大气 CO_2 浓度（Ca）、大气相对湿度（RH）、光合有效辐射 PAR、大气温度（Ta）的日变化均为"单峰"曲线（图7-2）。大气 CO_2 浓度和大气相对湿度在中午较低，早晚较高。一天中 CK 林分大气相对湿度均值大于密度调控后油松林的大气相对湿度。而大气 CO_2 浓度一天中变化幅度较小，最小值出现在13:00 左右。大气温度和光合有效辐射早晚较低，中午较高，光合有效辐射12:00 左右达到一天最大值，大气温度13:00 左右达到最大值。随着密度的减少，大气平均温度和光合有效辐射逐渐增加，而空气相对湿度逐渐减小。

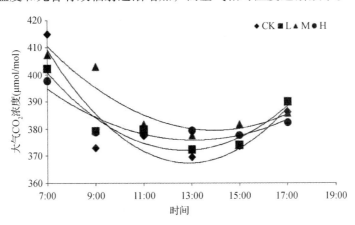

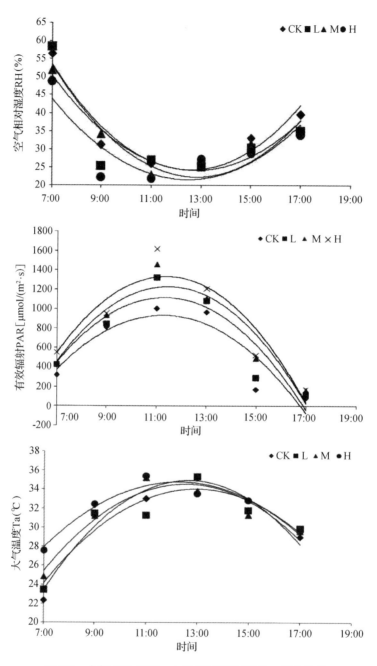

图7-2　大气 CO$_2$ 浓度、大气相对湿度(RH)、光合有效辐射 PAR、日变化大气温度(Ta)的日变化

另外，密度调控后油松人工林净光合速率日均值均大于 CK，且 MT 林分的净光合速率日平均值最大，即净光合速率日均值 MT[6.42 μmol CO_2/(m² · s)] > HT[5.01 μmol CO_2/(m² · s)] > LT[4.84 μmol CO_2/(m² · s)] > CK[4.33 μmol CO_2/(m² · s)]。这说明了密度调控对油松光合作用起到促进作用，适度的处理促进作用最为明显。

密度调控后油松净光合速率与环境因子(光合有效辐射、大气温度、相对湿度、CO_2浓度)呈二次多项式关系。从整体上看，光合有效辐射是限制油松净光合速率的关键因子。

表 7-3　密度调控后净光合速率(P_n)与主要环境因子的二次多项式关系模型

$$P_n = aX + bX^2 + c$$

环境因子	人工抚育强度	参数				
		a	b	c	R^2	P
光合有效辐射	CK	0.0092	-4.41	1.18	0.924	*
	LT	0.0068	-1.86	1.41	0.672	*
	MT	0.001	-3.36	1.14	0.917	*
	HT	0.0072	-1.44	0.29	0.984	*
大气温度	CK	-2.06	0.04	28.9	0.425	—
	LT	1.69	-0.02	-25.7	0.418	—
	MT	-1.3	0.03	16.2	0.677	—
	HT	-9.1	0.16	136.3	0.686	—
大气相对湿度	CK	-0.93	0.01	23.5	0.632	—
	LT	-1.25	0.01	30.2	0.84	—
	MT	-0.63	0.01	20.4	0.587	—
	HT	-1.51	0.02	31.4	0.709	—
大气 CO_2 浓度	CK	-3.18	0.004	637.6	0.34	—
	LT	3.6	-0.005	-662.2	0.556	—
	MT	-9.98	0.013	1981.7	0.251	—
	HT	-31.65	0.041	6163.2	0.288	—

"*"表示 $p < 0.01$；"—"表示 $p > 0.01$

对光合作用与主要环境因子进行双变量线性拟合(表7-4)，以期进一步阐明不同强度人工干扰之后影响油松光合作用的关键因子。从整体上看，有光合有效辐射的双因子组，与净光合速率之间相关性都很显著。这表明光合有效辐射是人工抚育后影响油松光合作用的关键因子，这与单因子分析(表7-3)下的结果相一致。

表7-4　不同强度人工抚育下，净光合速率与环境双因子之间的线性关系模型

$$(Z = aX + bY + c)$$

环境因子	抚育强度	参数				
		a	b	c	R^2	p
光合有效辐射和温度	CK	0.004	− 0.019	2.44	0.882	*
	LT	0.003	0.204	− 3.71	0.745	*
	MT	0.004	0.22	− 3.05	0.831	*
	HT	0.004	− 0.136	4.97	0.975	*
光合有效辐射和湿度	CK	0.004	0.003	1.8	0.881	*
	LT	0.003	− 0.092	5.9	0.837	*
	MT	0.004	− 0.064	5.63	0.826	*
	HT	0.005	0.013	0.59	0.968	*
光合有效辐射和大气 CO_2 浓度	CK	0.004	− 0.002	2.86	0.881	*
	LT	0.003	− 0.097	39.57	0.818	*
	MT	0.005	− 0.026	13.11	0.806	*
	HT	0.004	0.022	− 7.52	0.97	*
温度和湿度	CK	− 0.636	− 0.344	35.94	0.401	—
	LT	− 0.478	− 0.283	28.89	0.65	—
	MT	3.039	0.887	− 117.6	0.884	—
	HT	1.06	0.134	− 32.89	0.562	—
温度和大气 CO_2 浓度	CK	0.895	0.183	− 92.96	0.431	—
	LT	− 0.32	− 0.262	114.74	0.548	—
	MT	0.878	0.115	− 65.59	0.785	—
	HT	1.41	0.34	− 169.92	0.819	—
湿度和大气 CO_2 浓度	CK	− 0.312	0.153	− 43.17	0.503	—
	LT	− 0.12	− 0.031	20.86	0.586	—
	MT	− 0.332	0.144	− 38.36	0.697	—
	HT	− 0.581	0.614	− 211.96	0.721	—

"*"表示 $p < 0.01$；"—"表示 $p > 0.01$

二、光合特性参数对密度调控的响应

光合特性参数是光响应特性的重要指示指标。表7-5反映出密度调控后的表观量子效率均小于 CK 的表观量子效率，而光补偿点均大于 CK，这说明密度调控后的油松林利用弱光的能力有所降低。MT 林分表观量子效率和光补偿点相对对 CK 变化最小，表明中等强度干扰下油松林相对于低强度干扰和高强度干扰下油松林具有相对较强的利用弱光的能力。密度调控后的光饱和点、暗呼吸、最大净光合速率均增大，MT 林分的光饱和点和最大净光合速率相对于 CK 变化最大，分别为 18.5%、51.1%，这说明中等强度干扰的油松林，具有较强的利用强光能力和较大的光合潜力。相对于 CK，MT 林分的暗呼吸值变化最小(13.6%)，这

也说明中等强度干扰较利于植物光合产物的积累，利于油松的生长。

表7-5　不同强度人工抚育下油松人工林的主要光合生理特性指标

处理	光饱和点 [μmol/(m²·s)]	光补偿点 [μmol/(m²·s)]	暗呼吸 [μmol CO₂/(m²·s)]	最大净光合速率 [μmol CO₂/(m²·s)]	表观量子效率
CK	737.1±18.9	17.5±6.4	0.595±0.265	7.95±0.54	0.0339±0.0023
LT	865.2±84.8	42.8±0.4	1.151±0.173	11.32±0.90	0.0269±0.0037
MT	873.7±98.7	20.9±4.7	0.676±0.172	12.01±0.99	0.0323±0.0012
HT	766.1±59.7	68.3±3.5	2.071±0.348	11.24±1.96	0.0303±0.0047

三、叶绿素含量对密度调控的响应

由图7-3分析可知：密度调控后油松针叶素 a 含量、叶绿素 b 含量以及总叶绿素 T 含量均有所减少，尤其以总叶绿素含量变化最为明显。叶绿素 a 变化波动范围（10.5%~21.1%）小于叶绿素 b（15.2%~26.6%）。相对于 CK，MT 林分的叶绿素 a、叶绿素 b 及总叶绿素 T 变化波动最小，分别为 10.5%、15.2% 和 11.4%。而 Ca/Cb 却呈现出相反趋势，即密度调控后的 Ca/Cb 均大于 CK，其中 MT 林分的 Ca/Cb 变化最小（4.81%）。这说明中等强度的人工干扰油松针叶相对于低强度人工干扰和高强度人工干扰，具有较强的利用弱光的能力。

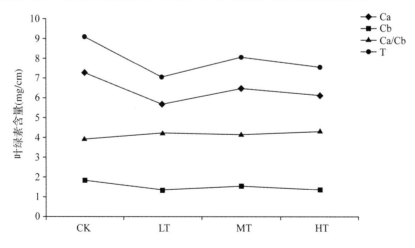

图7-3　不同强度人工抚育下油松针叶叶绿素含量

Ca-叶绿素 a 含量（Chlorophyll a）；Cb-叶绿素 b 含量（Chlorophyll b）；T-叶绿素总量（total chlorophyll）

第三节　结　语

密度调控是影响种群动态变化的重要因素之一（Zhu JJ，2004；Aubert M，

2003），它可以通过改变生境条件、增加生境异质性等许多复杂的过程使植物群落本身发生结构、动态过程的变化。尤其是对人工林群落的密度调整，直接影响着群落的发展与稳定。密度调整的时间、强度等都影响着群落动态的发展（于立忠，2006）。本书研究是在控制环境条件如温度、CO_2 浓度、光照强度等一致的情况下进行的，保证了数据相互间可比的前提条件。密度调控对油松人工林的影响，通过光合特性参数比较呈现出来，不同密度调整强度的人工林的光饱和点、光补偿点、暗呼吸均高于对照组，羧化效率则相反。这说明密度调整后的油松林具有较强的利用强光的能力，而对弱光的利用能力有所下降。暗呼吸的增加 $0.081 \sim 1.476 \ \mu mol \ CO_2/(m^2 \cdot s)$，反映了密度调整后的油松林加速了对光合产物的消耗。但是最大净光合速率相对对照组增加了 $3.29 \sim 4.06 \mu mol \cdot CO_2/(m^2 \cdot s)$，相对消耗量光合产物的积累量增加，密度调整后利于油松人工林的生长。相对于 LT 和 HT，MT 的具有较高的光饱和点、羧化效率、最大净光合速率，而具有较低的暗呼吸和光补偿点，进一步表明了中等强度密度调控下具有较高的利用强光和弱光的能力，对光的适应范围相对较宽，同时具有较低的光合产物消耗以及较高的光合潜力，更利用油松人工林的生长。

作为光合作用的光敏催化剂的叶绿素，与植物光合作用密切相关，其比例和含量是植物对环境适应性的重要标志（徐兴利，2012）。叶绿素 a 主要吸收长波光，叶绿素 b 以吸收短波光的漫射光和散射光为主。叶绿素 a/b 值降低，而叶绿素 b 和总叶绿素含量增加，有利于植物对弱光的利用，另外叶绿素含量的增加，更利于植物对光能捕获，以保证最大限度地进行光合碳积累，这是植物对光照不足适应的重要策略之一（Miller，2004；Givnish，2004；Osone，2005；Liu，2007；胡启鹏，2008；刁俊明，2011；徐兴利，2012）。本书研究结果显示，不同强度密度调整的叶绿素 a、叶绿素 b 以及总叶绿素 T 含量相对于对照组，均有所减少，说明随着密度调整后光环境的增强油松对光能的捕获能力有所下降，这与前人研究结果相一致（Dai，2009；王云贺，2010）；而叶绿素 a/b 值随着密度调整后光环境的增强有所增加，符合油松耐阴性植物（何平，1993）的特性这与前人对其他植物研究结果相一致（Dai，2009；王云贺，2010）。其中，MT 的油松针叶叶绿素 a、叶绿素 b、总叶绿素含量大于 LT 和 HT 的值，而叶绿素 a/b 值相反，这进一步说明了 MT 的油松针叶相对于 LT 和 HT 油松针叶具有较强的利用弱光的能力。

由于 $Tr = Cond \times VPD$（Tr-表示蒸腾速率，$Cond$-表示气孔导度，VPD-环境条件），所以在环境条件不变的情况下，气孔导度 $Cond$ 决定蒸腾速率 Tr 的变化，Tr 直接反映 $Cond$ 的大小（王建林，2012）。植物通过调节气孔开闭程度来降低 Ci，气孔对 Ci 很敏感，Ci 的增加常伴随着气孔的关闭和 Cond 的降低（Response of plant growth to elevated CO_2，1997）。本书研究反映随着密度调整强度的增加，Cond、Tr、Pn 先增加后减小，Ci 浓度先减小后增加再减小。有研究表明随着 Cond 值降低，而 Ci 值增加时，利于植物对 CO_2 的固定和光能利用效率的提高。但此时的 Pn 降低，表明植物对光能总量的捕获不足，这是限制植物生长的主要因素（Farquhar G D，1982；徐兴利，2012）。虽然光照可以通过增加叶面温度、促进水分蒸发来提高蒸腾速率，但本研究是在控制环境条件如叶室温度、CO_2 浓度、光照强度等一致的情况下进行的，保证了数据相互间可比性的前提条件，因此，光照可能会通过增加 Cond，促进叶片气体交换，加速蒸腾。本研究表明，相对于对照组，MT 的油松人工林针叶气孔导度值最大，Ci 值相对于对照组低 7.5%，但光合值却增加 21.8%，这表明中等强度调整下更利于油松生长。

光照是影响植物光合作用的首要因素，光照强度的改变将对植物叶片光合速率以及光合特性参数产生重要影响。研究表明生长在强光环境下的植株，其叶片通常具有较高的光饱和点和最大光合速率，同时也具有较高的呼吸消耗（Walters，1987；霍常富，2008）。而在弱光环境中的生长植株，一般具有较高的表观量子效率，而具有较低的光补偿点和最大光合速率低（Sims，1998）。本书研究显示，密度调整后影响油松光合作用的关键因子是光合有效辐射，随着密度调整强度的增加，日平均光合有效辐射逐渐增大。LT、MT 和 HT 林分叶的光饱和点、光补偿点、暗呼吸均大于 CK，且中 MT 林分叶光饱和点、最大净光合速率最大，而暗呼吸、表观量子效率相对于对照组变化最小，这说明了一定的光强范围内，光照强度增加利于油松光合和生长，这与前人的研究结果基本一致（王云贺，2010；霍常富，2008）。

另外，表 7-5 也从另一角度反映了密度调整之后环境因子对油松光合作用的影响作用并不是独立的，而是相互之间协同作用。光照强度的增加影响整个林分冠层的温度，直接影响植物光合作用蒸腾速率大小，间接影响光合作用过程的酶活性，进而影响光合速率大小。此外，环境温度的升高降低了植物周围空气湿度，减少植物叶片对环境水分的摄取，造成叶片局部的水分胁迫。湿度的增强，加速植物光合作用，进而促进了植物对 CO_2 的吸收转化速率，加速了对周边环境 CO_2 的吸收（许大全，2002）。分析显示密度调整后油松净光合速率与其他环境因子之间的相关性不显著，但这并不代表其他环境因子对油松光合作用的影响作用不重要。光合作用是一个错综复杂的过程的，对单因子和双因子的分析研究，只是从该角度去解释单因子或双因子对油松光合作用的影响，而对多因子共同作用下油松光合作用的响应还有待进一步探讨。

第八章 密度调控对油松人工幼龄林
土壤碳循环的影响

随着全球变化进程的不断加剧，人工林面积和蓄积量不断增加，人工林碳汇在全球碳循环中发挥着重要的作用(闫美芳等，2010)。由于人工林地上部分的碳固定能力较强，以往研究中主要注重的是人工林植被的固碳功能，对土壤有机碳固定的研究不多(Marland et al.，2004；Lal，2004；2005)。而我国人工林土壤碳库储量远低于世界平均水平(闫美芳等，2010)。采用合理的森林经营管理措施在提高森林生产力的同时，提高人工林土壤固碳潜力(Jandl et al.，2007；闫美芳等，2010)。人工林营林措施中密度调控对土壤碳库影响较大，密度不适导致森林土壤碳失衡。密度调控通过对植物光合固定和生产力以及输入到土壤生态系统中的有机物质的质量和数量的影响而控制着土壤有机碳的积累和分解速率，调控着土壤碳源、汇、库功能和动态。因此，研究不同密度林分土壤碳循环动态，对我国森林碳汇管理起着举足轻重的作用。目前，有关碳输入变化对森林生态系统中土壤碳库，尤其是土壤呼吸的影响研究开展了大量的工作，但是对土壤碳库各个组分和土壤呼吸研究报道较少，限制了对碳输入后土壤碳库组分与土壤碳排放关系的深入理解。碳平衡研究是评价森林碳汇功能的重要途径，有关森林生态系统碳平衡研究的报道非常多(李意德等，1998；方晰等，2002；周玉荣等，2000)，但有关密度调控对人工林碳平衡的研究则未见报道。本书对不同密度油松人工林碳吸存与碳平衡进行分析比较，为科学评估人工林经营管理对森林的碳汇功能的影响提供基础数据。

第一节 不同密度林分凋落物输入、分解特征

一、凋落物组成及季节动态

表8-1为各密度油松人工林凋落物年动态，CK、LT、MT、HT 4 种林分的年凋落量分别为 5.634、4.886、4.764、4.054t/hm²，即随着干扰强度的增加年凋落总量呈递减趋势。油松人工林凋落物的成分主要包括叶、枝、花、果实、其

表 8-1　油松人工林凋落物各组分月动态变化（t/hm²）

处理	组分	2011-4	2011-5	2011-6	2011-7	2011-8	2011-9	2011-10	2011-11	2011-12	2012-1	2012-2	2012-3	年总量
CK	叶	0.485	0.210	0.083	0.041	0.082	0.019	0.260	1.978	0.294	0.173	0.646	0.646	4.915
	枝	0.023	0.013	0.004	0.000	0.004	0.017	0.004	0.007	0.001	0.013	0.009	0.017	0.112
	果实	0.021	0.029	0.068	0.042	0.063	0.050	0.083	0.000	0.000	0.000	0.045	0.045	0.445
	花	0.000	0.000	0.023	0.013	0.004	0.000	0.000	0.000	0.000	0.000	0.000	0.000	0.040
	其他	0.020	0.023	0.025	0.011	0.009	0.005	0.006	0.002	0.006	0.004	0.007	0.004	0.123
	总量	0.550	0.274	0.202	0.107	0.161	0.091	0.352	1.988	0.301	0.190	0.707	0.712	5.634
LT	叶	0.491	0.122	0.103	0.023	0.052	0.019	0.148	1.600	0.162	0.189	0.672	0.672	4.252
	枝	0.024	0.016	0.001	0.001	0.003	0.000	0.104	0.000	0.001	0.012	0.008	0.000	0.168
	果实	0.043	0.018	0.059	0.034	0.027	0.000	0.035	0.000	0.000	0.000	0.000	0.000	0.216
	花	0.000	0.000	0.030	0.048	0.017	0.000	0.000	0.000	0.000	0.000	0.000	0.000	0.096
	其他	0.026	0.016	0.033	0.013	0.018	0.007	0.018	0.002	0.008	0.008	0.005	0.003	0.155
	总量	0.582	0.171	0.226	0.118	0.118	0.026	0.304	1.602	0.170	0.209	0.685	0.674	4.886
MT	叶	0.403	0.089	0.101	0.031	0.068	0.036	0.322	1.860	0.149	0.145	0.423	0.423	4.050
	枝	0.011	0.011	0.003	0.001	0.017	0.007	0.004	0.000	0.000	0.000	0.000	0.018	0.071
	果实	0.033	0.106	0.000	0.035	0.008	0.000	0.007	0.000	0.016	0.055	0.070	0.070	0.400
	花	0.000	0.000	0.037	0.024	0.013	0.000	0.000	0.000	0.000	0.000	0.000	0.000	0.074
	其他	0.035	0.030	0.033	0.014	0.011	0.011	0.012	0.003	0.002	0.005	0.004	0.008	0.169
	总量	0.482	0.235	0.175	0.105	0.117	0.054	0.345	1.863	0.166	0.205	0.497	0.519	4.764
HT	叶	0.273	0.141	0.064	0.018	0.051	0.028	0.102	1.988	0.136	0.453	0.252	0.255	3.760
	枝	0.000	0.003	0.001	0.001	0.000	0.000	0.000	0.000	0.000	0.009	0.000	0.000	0.014
	果实	0.000	0.065	0.000	0.004	0.001	0.000	0.000	0.000	0.000	0.028	0.027	0.027	0.149
	花	0.000	0.000	0.011	0.000	0.000	0.000	0.000	0.000	0.000	0.000	0.000	0.000	0.016
	其他	0.013	0.010	0.019	0.018	0.010	0.017	0.009	0.003	0.007	0.003	0.002	0.004	0.115
	总量	0.286	0.220	0.095	0.042	0.062	0.045	0.110	1.990	0.143	0.493	0.281	0.287	4.054

他，从各林分的各组分来看，落叶的量占的比例最大，占凋落物总量的85.0%~92.7%，是凋落物的主要成分，叶的凋落量大小依次为 CK > LT > MT > HT，而枝、花、果实、其他只占凋落物总量的 15.0%~7.3%，其中，枝的凋落量大小依次为 LT > CK > MT > HT，果实的凋落量大小依次为 CK > MT > LT > HT，花的凋落量大小依次为 LT > MT > CK > HT。

由表8-1 可知，各密度油松人工林在全年都有凋落物，但各密度各时期凋落特征不尽相同。各林分总体上生长季凋落物较非生长季的小，全年凋落高峰均在11 月份，占年凋落总量的32.8%~49.1%，9 月份凋落量达到最低，只占全年的0.5%~1.6%。凋落物组分中，叶的凋落年变化趋势与凋落总量的变化趋势一致，11 月份是叶凋落的主要月份，叶凋落也主要集中在非生长季。枝、果实由于所占比例很小，在全年凋落变化趋势均不明显，而油松的花期主要在 6~8 月份，因此年凋落物中也只有这 3 个月中含有落花。

二、凋落物碳输入量和碳密度

对不同密度油松人工林凋落物不同组成碳素含量的测定结果见表8-2。凋落物不同组分中叶的碳素含量最高，随着林分密度的减小，凋落物平均碳素含量逐渐减小。

表 8-2　油松人工林凋落物不同组成的碳素含量(%)

处理	叶	枝	果实	花	其他	平均
CK	52.10(1.03)	50.26(1.66)	50.35(0.80)	50.21(1.22)	48.44(0.67)	50.27(0.54)
LT	52.32(2.16)	47.34(0.31)	51.58(1.00)	48.54(2.01)	47.74(1.85)	49.51(0.23)
MT	49.84(0.83)	48.24(3.23)	51.71(1.64)	47.36(0.61)	48.44(0.22)	49.12(0.13)
HT	47.02(0.77)	48.23(0.74)	52.72(1.34)	46.86(0.91)	49.63(0.40)	48.89(0.83)

括号内的数字为标准差。

凋落物各组成成分的生物量与其对应碳素含量之积为各组成成分的碳密度，因此生物量越大，碳素含量越高，其碳密度越大(表 8-3)。叶凋落物是凋落物最大生物量载体，同时也是最大碳储存器官。CK、LT、MT 和 HT 叶凋落物中碳密度占凋落物碳密度比例分别为 87.7%、87.7%、84.9%和 92.2%。年凋落物碳素输入量随着林分密度减小而减小。

表 8-3　油松人工林凋落物各组成成分碳素的分配（t/hm²）

处理	叶	枝	果实	花	其他	总量
CK	2.561	0.056	0.224	0.020	0.060	2.921
LT	2.225	0.080	0.111	0.046	0.074	2.536
MT	2.019	0.034	0.207	0.035	0.082	2.377
HT	1.768	0.007	0.078	0.008	0.057	1.918

对不同密度油松人工林枯落物层不同组成碳素含量的测定结果见表 8-4。枯落物层不同组成的碳素含量大小顺序为未分解层＞半分解层＞已分解层，受密度干扰的林分枯落物平均碳素含量较对照林分的小。

表 8-4　油松人工林枯落物层不同组成的碳素含量（%）

组分	CK	LT	MT	HT
未分解	51.94(0.79)	50.88(0.72)	50.58(0.77)	50.46(1.12)
半分解	44.26(0.38)	39.34(0.44)	40.89(0.39)	37.86(0.65)
已分解	20.55(0.45)	21.46(0.54)	22.04(0.35)	24.03(0.31)
平均	38.92(0.68)	37.22(0.67)	37.84(0.62)	37.45(0.78)

括号内的数字为标准差。

经计算油松人工林枯落物层总碳密度分别为 2.513 t/hm²（CK）、2.052 t/hm²（LT）、1.799 t/hm²（MT）、1.928 t/hm²（HT），各林分中未分解的枯落物碳密度所占比例均最大（表 8-5）。

表 8-5　油松人工林枯落物层碳素的分配（t/hm²）

组分	CK	LT	MT	HT
未分解	1.250	0.947	0.688	0.782
半分解	0.829	0.511	0.550	0.555
已分解	0.435	0.594	0.561	0.590
总计	2.513	2.052	1.799	1.928

三、凋落物叶分解特征

（一）分解过程中凋落物干重变化

经过两年分解后，不同密度油松人工林的凋落叶的残留率分别为 54.02%

（CK），54.77%（LT），54.80%（MT）和53.32%（HT）。从图8-1中可以看出，分解前6个月内，各密度林分凋落物干物质的损失率较大，表明凋落物在分解初期分解较快。且在分解开始4个月，各密度凋落物残留率差别不明显，之后开始出现对照样地凋落物残留率较其他林分的大，分解4～10个月，中度采伐样地的凋落物残留率较其他样地的小，而分解12～24月强度采伐样地的凋落物残留率较其他样地的小。不同密度林分凋落物分解过程中的干物质残留率差异不显著。

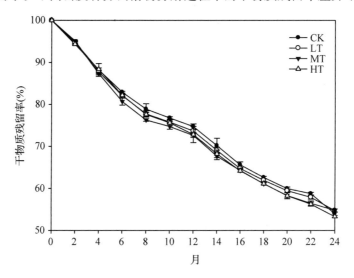

图8-1　不同密度油松人工林叶凋落物分解过程中干物质残留率变化

（二）分解速率和周转期

为进一步了解叶凋落物分解过程动态变化，对不同密度林分凋落物残留率（y）与时间（t）进行Olson指数衰减模型拟合，结果显示各密度林分凋落物残留率（y）与时间（t）拟合效果良好，其模型相关系数均达到显著水平（表8-6）。各密度林分凋落物的平均分解速率大小为：HT > MT > LT > CK（k值越大，分解速度越快）。这主要是由于随着林分密度减小，光照越来越充足，加上蒸腾作用减小，土壤含水量增加，这些都为分解者提供了更有利的生存环境，更有利于凋落物的分解。一般地以95%凋落物被分解所需的时间表示凋落物的周转期。对照样地凋落物的周转期为10.09 a，而轻度干扰、中度干扰和重度干扰油松叶凋落物周转期分别为9.95、9.66、9.51 a。可见密度较小林分凋落物分解较快。

表 8-6　不同密度油松人工林叶凋落物分解速率和周转期

处理	a	$k(a^{-1})$	R^2	p	$t_{0.5}(a)$	$t_{0.95}(a)$
CK	0.985	0.297	0.993	<0.0001	2.33	10.09
LT	0.980	0.301	0.990	<0.0001	2.30	9.95
MT	0.977	0.310	0.985	<0.0001	2.24	9.66
HT	0.984	0.315	0.994	<0.0001	2.20	9.51

a. 拟合参数；k. 年分解系数；R^2. 决定系数；$t_{0.5}$ 为分解 50% 时间；$t_{0.95}$ 分解 95% 时间。

四、凋落物叶分解过程中养分动态

不同密度油松人工林叶凋落物不同分解时间养分元素含量的变化见表 8-7。在 2 年的分解过程中，不同密度油松人工林叶凋落物中 N、P、K、C 元素含量的变化趋势有较大的差异。

不同密度油松人工林叶凋落物 N 含量虽然有一定差异，但变化趋势基本一致，基本上表现为前期上升、中期下降、后期呈波动变化趋势，其中 CK 和 LT 油松人工林 N 元素在分解前 4 个月均为富集状态，分解到第 6 个月时，N 元素含量减小比较明显，随着分解进行，分解缓慢（图 8-2）。MT 油松人工林叶凋落物分解过程中 N 富集时间较其他林分长，且 N 含量变化幅度较其他林分幅度小。分解末期，CK、LT、MT、HT 4 种处理林分 N 元素净释放率分别为 58.3%、60.7%、59.7% 和 58.6%，所以密度调整可以使油松人工林叶凋落物 N 缓慢释放。

不同密度油松人工林叶凋落物 P 浓度从分解开始逐渐减少的，随着分解进行，出现一定程度的波动。分解末期，CK、LT、MT、HT 4 种处理林分 P 元素净释放率分别为 64.8%、62.9%、64.6% 和 65.2%，所以轻度干扰显著促进分解前期 P 元素的释放，而中度干扰和重度干扰对叶凋落物 P 释放影响较小。

不同密度油松人工林叶凋落物中的 K 浓度总体呈降低的趋势，分解初期变化幅度较大，分解后期有小幅度的波动，变化较为平缓，且 K 浓度较 N 和 P 浓度下降幅度大。这主要是由于 K 元素易受雨水淋失，分解初期叶凋落物中 K 含量较高，受降雨淋溶影响，损失很快，而到后期，由于淋溶等其他 K 素来源的补给，浓度又呈现波动状态。分解末期，CK、LT、MT、HT 4 种处理林分 K 元素净释放率分别为 78.7%、85.7%、81.9% 和 81.3%，这表明密度控制促进了 K 元素的释放，且轻度干扰 K 元素的释放率最大。

表8-7　不同密度油松人工林凋落物叶分解过程中养分元素含量的变化(mg/g)

分解时间/月	CK				LT				MT				HT			
	N	P	K	C	N	P	K	C	N	P	K	C	N	P	K	C
0	5.75	3.00	1.86	484.09	5.75	3.00	1.86	484.09	5.75	3.00	1.86	484.09	5.75	3.00	1.86	484.09
2	6.42	2.78	1.22	487.21	6.35	2.70	1.20	510.29	7.15	2.71	1.20	482.24	6.83	2.24	1.29	491.42
4	7.55	2.71	1.12	496.60	7.44	2.62	1.09	474.25	7.15	2.54	1.13	470.20	6.89	2.21	1.25	468.18
6	4.66	2.46	1.20	448.01	5.18	2.11	1.17	455.21	6.50	2.62	1.14	450.16	5.73	2.53	1.18	451.13
8	4.55	2.71	1.12	432.85	5.44	2.62	1.09	430.20	6.15	2.54	1.13	445.15	5.48	2.11	1.24	436.07
10	4.44	1.95	1.01	435.78	5.04	2.03	0.98	437.20	5.97	1.98	0.99	432.15	5.28	1.61	1.02	435.04
12	4.78	1.61	0.88	428.78	4.90	1.79	0.75	410.18	5.52	1.79	0.85	414.15	4.02	1.46	0.73	417.70
14	3.84	1.45	0.89	374.67	3.67	2.20	0.57	365.14	4.46	1.54	0.78	350.12	3.73	1.53	0.78	363.31
16	2.70	1.29	0.62	310.51	3.29	1.53	0.47	304.12	3.08	1.41	0.60	295.11	2.69	1.41	0.76	303.25
18	2.88	1.19	0.59	298.48	2.92	1.40	0.42	280.11	3.02	1.79	0.62	270.11	2.33	1.54	0.51	282.90
20	2.14	1.09	0.42	269.49	3.63	1.54	0.39	250.09	2.27	1.46	0.55	260.10	2.89	1.21	0.65	259.89
22	2.84	1.04	0.49	239.40	2.46	1.54	0.38	232.09	2.61	1.18	0.58	234.10	2.19	1.15	0.49	235.20
24	2.40	1.06	0.40	217.36	2.25	1.11	0.27	215.08	2.32	1.06	0.34	210.06	2.38	1.04	0.35	214.17

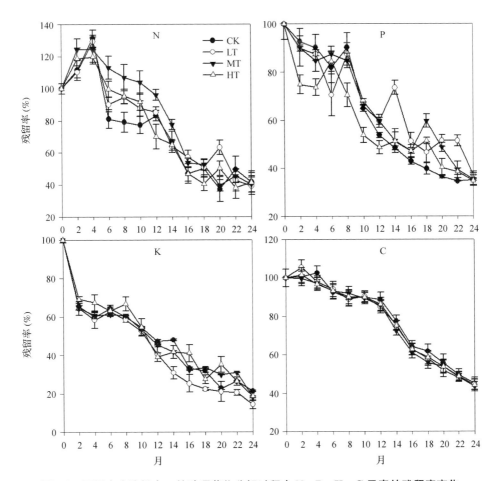

图 8-2　不同密度油松人工林叶凋落物分解过程中 N、P、K、C 元素的残留率变化

　　不同密度油松人工林叶凋落物中的 C 含量总体呈降低的趋势，分解末期，CK、LT、MT、HT 4 种处理林分 C 元素净释放率分别为 55.1%、55.6%、56.6% 和 55.8%。

　　由表 8-8 可以看出，轻度和中度干扰使得油松人工林叶凋落物 N 释放速率减缓，而重度干扰使得油松人工林叶凋落物 N 元素释放加快。林分密度经调整后，各林分叶凋落物 P 释放速率均较对照林分减缓，而 C 元素则相反，轻度干扰和重度干扰林分促进了叶凋落物 K 释放。从各元素归还速率来看，油松人工林叶凋落物中 K 元素的周转速率较其他元素都大，说明它们能更快地归还土壤供应林木生长的需要，而 N、P 元素的周转期相对较长，在林业经营中可适当补充 N 和 P 肥，保证林分生长对 N、P 元素的需求。各密度油松人工林叶凋落物中 N 元素的

周转期分别为5.61a(CK)、6.25a(LT)、5.86a(MT)和5.32a(HT)；各密度油松
人工林叶凋落物中P元素的周转期分别为4.98a(CK)、7.12a(LT)、6.20a(MT)
和6.06a(HT)；各密度油松人工林叶凋落物中K元素的周转期分别为4.45a
(CK)、3.52a(LT)、4.53a(MT)和4.39a(HT)；各密度油松人工林叶凋落物中C
元素的周转期分别为8.05a(CK)、7.49a(LT)、7.58a(MT)和7.78a(HT)(表8-
8)。

表8-8　不同密度油松人工林叶凋落物分解过程中元素释放速率和周转期

处理	养分元素	a	k	R^2	p	$t_{0.5}$	$t_{0.95}$
CK	N	1.189	0.534	0.800	<0.0001	1.30	5.61
	P	1.063	0.601	0.931	<0.0001	1.15	4.99
	K	0.879	0.673	0.903	<0.0001	1.03	4.45
	C	1.107	0.372	0.892	<0.0001	1.86	8.05
LT	N	1.209	0.479	0.816	<0.0001	1.45	6.25
	P	0.989	0.421	0.871	<0.0001	1.65	7.12
	K	0.900	0.852	0.925	<0.0001	0.81	3.52
	C	1.117	0.400	0.909	<0.0001	1.73	7.49
MT	N	1.321	0.511	0.785	<0.0001	1.36	5.86
	P	1.019	0.483	0.922	<0.0001	1.44	6.20
	K	0.866	0.661	0.904	<0.0001	1.05	4.53
	C	1.100	0.395	0.900	<0.0001	1.76	7.58
HT	N	1.247	0.563	0.857	<0.0001	1.23	5.32
	P	0.924	0.494	0.888	<0.0001	1.40	6.06
	K	0.906	0.682	0.920	<0.0001	1.02	4.39
	C	1.101	0.385	0.903	<0.0001	1.80	7.78

　　总体上，油松人工林叶凋落物在分解2年后各元素均呈释放模式，CK、LT、
MT、HT 4个林分养分元素年归还总量分别为：924.84、463.43、583.19、
479.19 kg/(hm²·a)，各密度林分叶凋落物中养分元素归还量大小排序为：CK
>MT>HT>LT(表8-9)。对4种密度油松人工林叶凋落物N、P、K、C 4种元素
归还总量比较表明，C元素归还量最大，N元素次之，再次为P元素，K元素归
还量最小。

表 8-9　不同密度油松人工林叶凋落物养分年归还量[kg/(hm² · a)]

养分元素	CK	LT	MT	HT	总量
N	11.75	9.89	7.86	11.26	40.76
P	9.19	5.71	6.12	6.52	27.54
K	6.10	4.94	4.68	4.63	20.35
C	897.81	442.89	564.52	456.77	2361.99
总量	924.84	463.43	583.19	479.19	

第二节　不同密度林分细根生物量、分解及生长力特征

一、细根生物量分布格局及季节动态

(一)油松人工林的细根生物量变化

密度调控对油松人工林林分细根生物量具有显著的影响($p < 0.05$)(表 8-10)。随着干扰强度的增加,林分密度递减,细根总生物量及活细根生物量递减,但死细根生物量递增(图 8-3)。CK、LT、MT、HT 这 4 种密度林分细根的年平均生物量(活根 + 死根)为 3835.716、3552.784、3485.426、3295.640 kg/hm²,其中活细根生物量分别为 2892.306、2380.283、2160.417 和 1847.452 kg/hm²,分占总细根生物量的 75.40%、67.00%、61.98%、56.06%。方差分析表明,受干扰林分与对照林分活细根生物量的差异显著,但 LT 与 MT,MT 与 HT 间差异不显著。不同密度油松人工林死细根生物量的差异均显著。低强度干扰(LT、MT)林分与对照林分细根总生物量差异不显著,而高强度干扰(HT)林分与对照林分细根总生物量差异显著。

表 8-10　干扰强度、时间和土层深度对油松人工林细根生物量交互影响方差分析

变异来源	活细根生物量		死细根生物量		总细根生物量	
	F	p	F	p	F	p
干扰强度	19.54	0.000	11.31	0.000	3.71	0.012
时间	19.16	0.000	16.17	0.000	30.76	0.000
土层深度	207.79	0.000	46.32	0.000	249.12	0.000
干扰强度×时间	1.69	0.039	1.58	0.063	2.26	0.003
干扰强度×土层深度	1.99	0.016	2.08	0.011	1.79	0.035
时间×土层深度	4.74	0.000	2.35	0.000	4.91	0.000
干扰强度×时间×土层深度	0.86	0.812	0.95	0.608	0.97	0.554

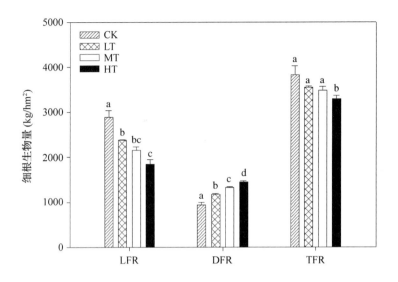

图8-3 不同密度油松人工林细根生物量(平均值±标准偏差, $n=3$)。
不同小写字母表示细根生物量差异显著($p<0.05$)。

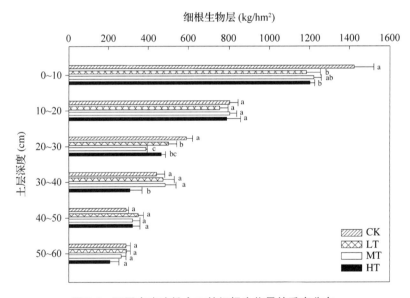

图8-4 不同密度油松人工林细根生物量的垂直分布

(二)油松人工林细根的垂直分布格局

如图8-4所示,油松人工林细根生物量表现出随土壤深度增加而逐渐减少的变化规律。不同干扰强度油松人工林细根生物量分布均具有明显的垂直分布格局($p < 0.05$)。各干扰强度下的林分,细根主要分布在 $0 \sim 30$ cm 土层中。CK、LT、MT、HT 这 4 种密度林分的细根在 $0 \sim 30$ cm 土层中分别占总细根生物量的73.5%、69.9%、70.5%、74.5%。方差分析显示,土壤表层($0 \sim 10$cm)中,细根生物量在 CK 与 LT 和 HT 之间差异显著,而 CK 与 MT 差异不显著;$20 \sim 30$cm 土层中,CK 与 LT 和 MT 间差异显著;$30 \sim 40$cm 土层中,HT 与 CK、LT、MT 差异显著;其他均表现为不显著($p > 0.05$)。

细根分布系数随干扰强度增加逐渐减小,CK 细根分布系数最大为 0.955,HT 细根分布系数最小为 0.942(图8-5)。

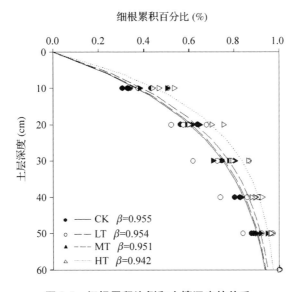

图8-5 细根累积比例和土壤深度的关系

(三)油松人工林细根生物量季节动态

细根在一年中处于不断的生长和周转过程中,通过对油松细根的季节动态的调查(图8-6)表明,不同干扰强度油松细根生物量均具有明显的季节变化。CK、LT、MT、HT 这 4 种密度林分的总细根生物量最大相对变幅分别为 28.9%、56.0%、96.9%、78.4%;其中活细根生物量最大相对变幅分别为:45.6%、48.9%、32.6%、43.7%,死细根生物量最大相对变幅分别为:81.8%、76.4%、89.9%、39.0%。可以看出,除 HT 外,其他林分死细根变化幅度较活细根大,这可能与不同季节死细根分解速率变异较大有关。

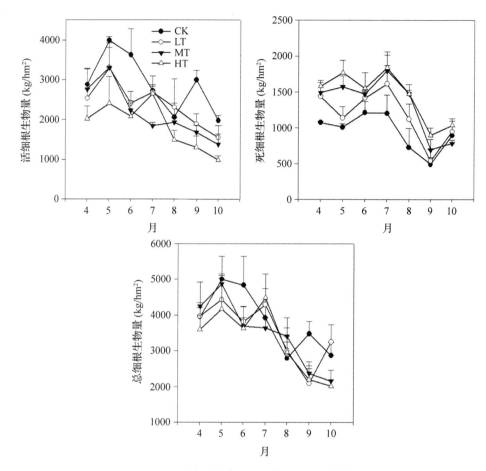

图 8-6　不同密度油松人工林细根生物量季节动态

对不同干扰强度下不同季节细根生物量的动态研究表明，生长季油松细根生长呈双峰型变化趋势，活细根生物量以 5 月份达最高，而不同干扰强度细根生长出现另一个峰值时间不一致，其中 CK 出现在 9 月，LT 和 HT 出现在 7 月，而 MT 出现在 8 月。不同干扰强度下油松细根生长均在 10 月份最小。虽然不同干扰强度死细根生物量具有季节变化特点，但各月之间无显著差异（$p > 0.05$）（表 8-6），最小值均出现在 9 月份，但受干扰林分最大值出现在 7 月份，CK 则出现在 6 月份。不同干扰强度细根总生物量均在 5 月份达到最高峰，对照林分细根总生物量在 8 月份出现低谷，HT 细根总生物量在 9 月份出现低谷，MT 和 HT 细根总生物量在 10 月份出现低谷。

（四）油松细根生物量季节变化与土壤温度、水分及养分的相关分析

回归分析表明，不同干扰强度油松细根生物量季节变化与土壤温度、水分及养分季节变化具有不同程度的相关性（表 8-11）。土壤水分与 LT 死细根生物量的呈正显著相关关系；而与 CK 林地活细根生物量成负显著相关关系。不同干扰强度林分土壤温度与死细根生物量的呈正显著相关关系（HT 除外）。对不同干扰强度油松细根生物量与林地土壤全 N 的相关分析得知，细根生物量随土壤全 N 含量增加而增加，CK、LT 及 HT 细根总生物量与土壤全 N 相关显著。LT 细根总生物量与土壤全 P 呈正显著相关关系，而 HT 细根总生物量与土壤全 P 呈负显著相关关系。不同干扰强度，细根生物量与土壤全 K 含量具有一定的相关性，但相关均不显著。LT 死细根生物量与土壤有机碳呈负显著相关关系，其他均不显著。

表 8-11　不同密度油松林细根生物量与土壤温湿度及养分的相关系数

处理		M	T	N	P	K	SOC
死细根生物量	CK	0.194	0.455*	0.104	0.655*	−0.023	0.012
	LT	0.466*	0.424*	0.288	0.511*	−0.024	−0.382*
	MT	0.277	0.333*	0.043	0.166	0.235	−0.077
	HT	−0.065	0.162	0.372*	−0.308*	0.216	0.166
活细根生物量	CK	−0.377*	0.125	0.347*	−0.007	0.062	−0.131
	LT	−0.005	−0.062	0.308*	0.241	0.004	0.144
	MT	−0.183	−0.017	0.035	0.071	−0.040	0.181
	HT	0.169	0.289	0.203	−0.372*	0.034	0.072
总细根生物量	CK	−0.223	0.263	0.308*	0.232	0.040	−0.098
	LT	0.198	0.140	0.344*	0.392*	−0.008	−0.063
	MT	−0.009	0.161	0.052	0.147	0.090	0.113
	HT	0.118	0.307*	0.314*	−0.433*	0.111	0.124

（五）细根生物量与土壤温度、湿度及养分的季节变化关系

不同干扰强度土壤各因子季节变化对细根生物量季节变化的影响差异较大（图 8-7）。CK 林分中，全 P 和土壤温度的季节变化分别可以解释 42.9% 和 20.7% 的死细根生物量的季节变化；土壤湿度和全 N 的季节变化分别可以解释 14.2% 和 12.1% 的活细根生物量的季节变化；6 个因子综合作用可以解释 61.8% 的总细根生物量变化。LT 林分中，全 P、土壤湿度的季节变异分别可以解释 26.1% 和 21.8% 的死细根生物量的季节变化；全 P、全 N 的季节变异分别可以解释 15.4% 和 11.8% 的总细根生物量的季节变化，6 个因子综合作用可以解释

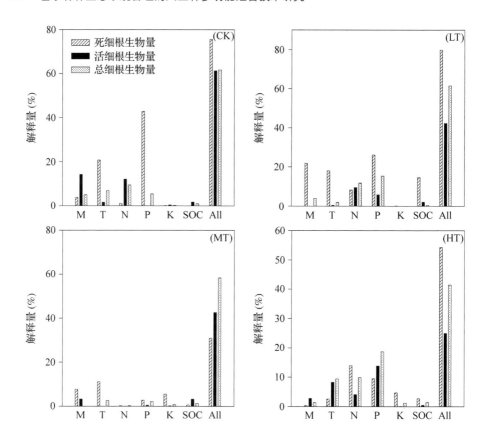

图 8-7 土壤温湿度及养分对细根生物量空间变异的解释量

61.8%的总细根生物量变化。MT 林分中，林分土壤温度的季节变化可以解释
11.1%的死细根生物量的季节变化，其他土壤各因子季节变化对细根生物量解释
量较小，但 6 个因子综合作用可以解释 58.4%的总细根生物量变化。HT 林分中，
全 N 的季节变化可以解释 13.9%的细根总生物量的季节变化；全 P 的季节变异
分别可以解释 13.8%活细根生物量的季节变化和 18.7%的总细根生物量的季节
变化；6 个因子综合作用可以解释 41.7%的总细根生物量变化。

二、细根碳密度

细根具有较高生物量周转率和地下部分净初级生产力，是森林生态系统碳重要的碳库。油松人工林密度发生变化后，其细根碳密度也随之改变。本研究中（表8-12），轻度干扰林分其细根碳密度最大，为 1.693 t/hm²，而重度干扰林分细根碳密度最小，为 1.346 t/hm²。林分密度减小，使得整体林分活细根生物量减小，并且由于林分密度减小，土壤温度升高，使得细根迅速分解，因此减少了林分细根的碳密度。

表8-12　不同密度油松人工林细根碳密度（t/hm²）

组分	CK	LT	MT	HT
活细根	1.258	1.203	0.953	0.778
死细根	0.421	0.489	0.495	0.567
细根	1.679	1.693	1.448	1.346

三、细根分解特征

4 种不同密度的油松人工林细根分解 2 年后，细根干物质残留率具有一定的差别，其中干重损失率最大的出现在 HT 林分中，其干物质损失率达到 79.73%，而 LT 林分干物质损失率最小，为 77.93%。Olson 指数衰减的数学模型也能较好地拟合各林分细根的分解过程（$R^2 > 0.9$，$p < 0.0001$）。4 种林分细根分解速率大小顺序为：MT > LT > HT > CK（表8-13）。尽管不同密度的油松人工林细根分解趋势具有一定的差别，总体来看，细根在第 1 年分解均较第 2 年的快（图8-8），且分解初期和分解末期，受干扰林分的细根分解均较对照的减缓。分解 50% 干物质所需要的时间为 1.09a（CK）、1.07a（LT）、1.02a（MT）和 1.09a（HT），分解 95% 干物质所需要的时间为 4.73a（CK）、4.61a（LT）、4.39a（MT）和 4.69a（HT）。

表8-13　不同密度油松人工林细根分解速率和周转期

处理	a	$k(a^{-1})$	R^2	p	$t_{0.5}(a)$	$t_{0.95}(a)$
CK	0.880	0.634	0.910	< 0.0001	1.09	4.73
LT	0.901	0.650	0.942	< 0.0001	1.07	4.61
MT	0.941	0.683	0.964	< 0.0001	1.02	4.39
HT	0.897	0.639	0.925	< 0.0001	1.09	4.69

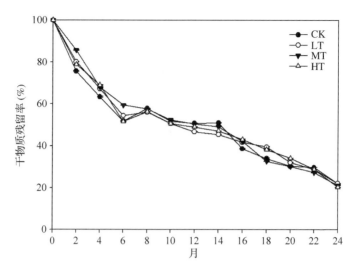

图8-8 不同密度油松人工林细根分解过程中干物质残留率变化

四、根分解过程中养分动态

不同密度油松人工林细根分解过程中养分元素含量的变化见表8-14。不同密度油松人工林细根分解过程N含量虽然有一定差异，但变化趋势基本一致，基本上表现为前期是呈富集状态后期呈释放状态，其中MT林分N元素在分解前6个月均为富集状态，分解到第8个月时，N元素含量减小比较明显，随着分解进行，分解缓慢（图8-9）。分解末期，CK、LT、MT、HT 4种处理林分N元素净释放率分别为81.8%、83.6%、83.7%和83.5%，所以中度MT和强度HT干扰可以使油松人工林细根N缓慢释放，弱度干扰对N的释放影响作用不大。

不同密度油松人工林细根P浓度从分解开始逐渐减少的，分解末期，CK、LT、MT、HT 4种处理林分P元素净释放率分别为79.9%、81.1%、81.2%和81.9%，所以密度调整后对油松人工林细根P的释放起促进作用，其中强度干扰对细根P释放促进作用最大。

不同密度油松人工林细根中的K浓度总体呈降低的趋势，分解初期变化幅度较大，分解后期有小幅度的波动，变化较为平缓，分解末期，CK、LT、MT、HT 4种处理林分K元素净释放率分别为81.0%、81.4%、82.4%和82.9%，这表明密度控制促进了K元素的释放，且随着密度的减小，这种促进作用更显著。

不同密度油松人工林细根中的C含量总体呈降低的趋势，分解末期，CK、LT、MT、HT 4种处理林分C元素净释放率分别为81.7%、82.0%、83.1%和82.3%。

表 8-14　不同密度油松人工林细根分解过程中养分元素含量的变化（mg/g）

分解时间/月	CK				LT				MT				HT			
	N	P	K	C	N	P	K	C	N	P	K	C	N	P	K	C
0	8.91	3.89	2.93	477.38	8.91	3.89	2.93	477.38	8.91	3.89	2.93	477.38	8.91	3.89	2.93	477.38
2	9.72	2.92	2.41	467.12	9.88	3.19	2.37	430.19	9.96	3.26	2.34	445.05	8.98	2.93	2.40	447.45
4	7.66	2.45	1.96	396.16	11.85	2.18	1.93	404.50	9.62	2.29	1.93	390.57	11.63	2.17	1.94	397.08
6	10.06	2.09	1.65	318.60	9.66	1.98	1.62	305.90	10.58	1.96	1.63	300.49	9.80	1.94	1.75	308.33
8	8.52	2.05	1.52	262.52	8.70	1.86	1.41	250.45	8.24	1.81	1.43	245.19	8.16	1.83	1.49	252.72
10	5.82	1.95	1.49	245.82	5.57	1.83	1.40	237.54	5.90	1.79	1.29	232.93	5.68	1.73	1.26	238.76
12	5.76	1.82	1.46	228.76	5.49	1.79	1.36	220.23	5.82	1.69	1.26	214.59	4.47	1.53	1.23	221.19
14	3.74	1.44	1.23	174.74	3.82	1.43	1.19	165.43	3.38	1.28	1.13	150.29	3.31	1.18	1.12	163.49
16	2.14	1.21	1.12	110.14	2.48	1.26	1.09	104.10	3.32	1.03	1.00	105.22	3.36	1.02	1.01	106.49
18	2.78	1.12	1.10	98.78	2.16	1.02	0.97	95.23	2.78	0.96	0.98	92.04	2.86	0.91	0.91	95.35
20	1.88	0.92	1.03	90.88	1.76	0.96	0.86	90.20	1.86	0.83	0.86	87.34	1.94	0.85	0.81	89.47
22	1.02	0.89	0.99	89.02	1.50	0.83	0.75	92.92	1.63	0.79	0.71	84.94	1.58	0.74	0.72	88.96
24	1.62	0.78	0.56	87.62	1.46	0.73	0.55	85.80	1.45	0.73	0.52	80.57	1.47	0.70	0.50	84.66

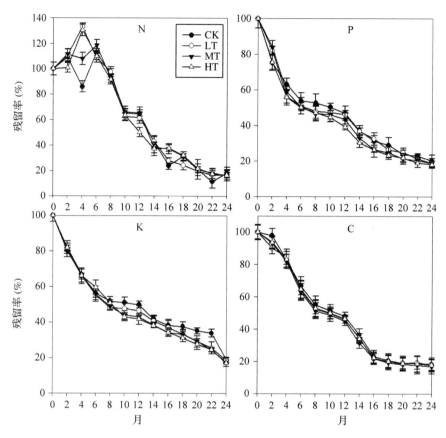

图8-9　不同密度油松人工林细根分解过程中N、P、K元素的残留率变化

用Olson指数衰减模型拟合了细根分解过程中养分的变化动态，细根分解中N、P、K、C元素在分解2年后，其分解率均为70%以上。细根中N元素的平均分解速率大小顺序为：LT > HT > CK > MT。P和K元素的分解速率均随着林分密度减小而增大。受密度干扰的林分C元素的分解速率均较对照林分的大。各密度油松人工林细根中N元素的周转期分别为3.66a(CK)、3.47a(LT)、3.70a(MT)和3.59a(HT)；各密度油松人工林细根中P元素的周转期分别为3.82a(CK)、3.62a(LT)、3.28a(MT)和3.25a(HT)；各密度油松人工林细根中K元素的周转期分别为4.54a(CK)、4.02a(LT)、3.83a(MT)和3.71a(HT)；各密度油松人工林细根中C元素的周转期分别为3.15a(CK)、3.13a(LT)、3.01a(MT)和3.10a(HT)(表8-15)。

表 8-15　不同密度油松人工林细根养分分解速率和周转期

处理	养分元素	a	k	R^2	p	$t_{0.5}$	$t_{0.95}$
CK	N	1.223	0.819	0.82	<0.0001	0.85	3.66
	P	0.905	0.785	0.96	<0.0001	0.88	3.82
	K	0.906	0.660	0.934	<0.0001	1.05	4.54
	C	1.076	0.950	0.976	<0.0001	0.73	3.15
LT	N	1.331	0.863	0.814	<0.0001	0.80	3.47
	P	0.907	0.828	0.938	<0.0001	0.84	3.62
	K	0.914	0.746	0.956	<0.0001	0.93	4.02
	C	1.050	0.958	0.977	<0.0001	0.72	3.13
MT	N	1.281	0.810	0.835	<0.0001	0.86	3.70
	P	0.933	0.914	0.957	<0.0001	0.76	3.28
	K	0.916	0.783	0.963	<0.0001	0.89	3.83
	C	1.057	0.997	0.981	<0.0001	0.70	3.01
HT	N	1.280	0.834	0.815	<0.0001	0.83	3.59
	P	0.900	0.923	0.956	<0.0001	0.75	3.25
	K	0.936	0.807	0.977	<0.0001	0.86	3.71
	C	1.061	0.968	0.979	<0.0001	0.72	3.10

　　总体上，油松人工林细根在分解 2 年后各元素均呈释放模式，CK、LT、MT、HT 4 个林分养分归还总量分别为：373.69、445.02、463.95、522.29 kg/（hm² · a）（表 8-16），油松人工林细根中养分元素总归还量随林分密度减小而增大。对 4 种密度油松人工林细根 N、P、K、C 4 种元素归还总量比较表明，C 元素归还量最大，N 元素次之，再次为 P 元素，K 元素归还量最小。

表 8-16　不同密度油松人工林细根养分归还量 [（kg/（hm² · a）]

养分元素	CK	LT	MT	HT	总量
N	5.60	6.79	7.42	7.93	27.73
P	2.97	3.52	3.69	4.26	14.44
K	2.21	2.65	2.78	3.17	10.81
C	362.91	432.06	450.06	507.23	1752.27
总量	373.69	445.02	463.95	522.59	

五、细根生长力特征

不同密度油松人工林年均分解量分别为 584.5 kg/hm²（CK）、701.6 kg/hm²（LT）、750.9 kg/hm²（MT）、815.3kg/hm²（HT），死亡量分别 1304.9 kg/hm²（CK）、1776.1 kg/hm²（LT）、1854.5 kg/hm²（MT）、1755.0 kg/hm²（HT），年净生产量分别为 3318.2 kg/hm²（CK）、3523.3 kg/hm²（LT）、3781.5 kg/hm²（MT）、3418.6 kg/hm²（HT），年周转速率分别为 1.32 次/a（CK）、1.50 次/a（LT）、2.06 次/a（MT）和 2.30 次/a（HT）（表 8-17）。

表 8-17 不同密度油松人工林细根年生产量、死亡量、分解量和周转速率

处理	年分解量 [kg/(hm²·a)]	年死亡量 [kg/(hm²·a)]	年净生产量 [kg/(hm²·a)]	周转速率 (a⁻¹)
CK	584.5	1304.9	3318.2	1.32
LT	701.6	1776.1	3523.3	1.50
MT	750.9	1854.5	3781.5	2.06
HT	815.3	1755.0	3418.6	2.30

第三节　不同密度林分土壤呼吸特征

一、土壤温度、湿度动态

2011 和 2012 年生长季土壤温度和土壤湿度均表现出明显的季节动态。4 种密度林分控制样点生长季土壤温度呈单峰变化趋势（图 8-10）。土壤温度常在夏季（8 月）达到峰值。4 种不同密度林分土壤温度生长季平均温度分别为：13.31±1.30℃（CK），14.22±1.25℃（LT），14.70±1.17℃（MT），14.95±1.26℃（HT）。尽管林分密度减小使得 2011 和 2012 年生长季土壤温度增加，但各样地之间土壤温度不存在显著差异（表 8-18）。挖壕沟样点土壤温度较对照样点的高，其变化趋势与对照样点的相同，但 4 个不同密度林分之间不存在显著差异。

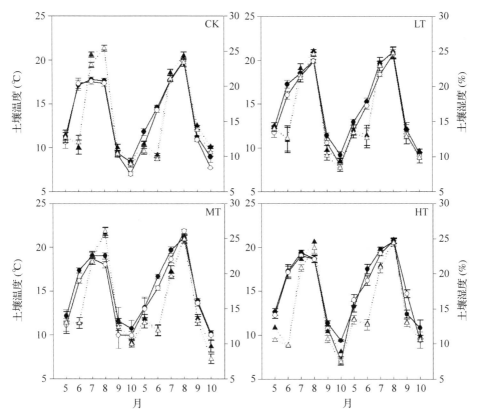

图 8-10　2011 和 2012 生长季不同密度林分土壤温、湿度的季节动态

注：挖壕沟样点土壤温度为圆形实心，对照样点土壤温度为圆形空心，
挖壕沟样点土壤湿度为三角形实心，对照样点土壤湿度为三角形空心。

表 8-18　不同密度林分不同处理土壤温湿度均值

处理	土壤温度(℃)		土壤湿度（%）	
	对照	挖壕沟	对照	挖壕沟
CK	13.31(1.30)	13.82(1.18)	15.15(1.79)	15.75(1.82)
LT	14.22(1.25)	14.91(1.22)	15.61(1.74)	16.21(1.71)
MT	14.70(1.17)	15.39(1.11)	15.54(1.72)	15.99(1.68)
HT	14.95(1.26)	15.27(1.16)	14.83(1.71)	15.51(1.70)

括号内的数字为标准差。

　　不同密度林分两个生长季土壤湿度的季节变化均具有明显的波动。由于冬季的降雪及降雨，在 5 月份土壤水分维持在一定的水平上，但随着气温的回升，由于长期没有降水，土壤蒸发作用消耗土壤水分增多，导致 6 月份土壤湿度下降。而随着雨季的来临，降雨增多，土壤水分得到大量补给，土壤湿度增大，直到 8月份达到最高值。4 个密度林分挖壕沟样点土壤湿度均较对照样点的高，挖壕沟样点土壤湿度范围为 15.51%～16.21%，对照样点土壤湿度范围为 14.83%～15.61%。对照样点土壤湿度稍低可能是受树木蒸腾作用的影响。

二、土壤呼吸季节动态

图 8-11 为不同密度林分土壤总呼吸与土壤异养呼吸在林分密度减小后两个生长季变化趋势。不同密度林分土壤总呼吸速率表现出明显的季节动态（$p < 0.001$；表 8-20 和图 8-11）。从图 8-11 中可以看出 4 个密度油松人工林土壤总呼

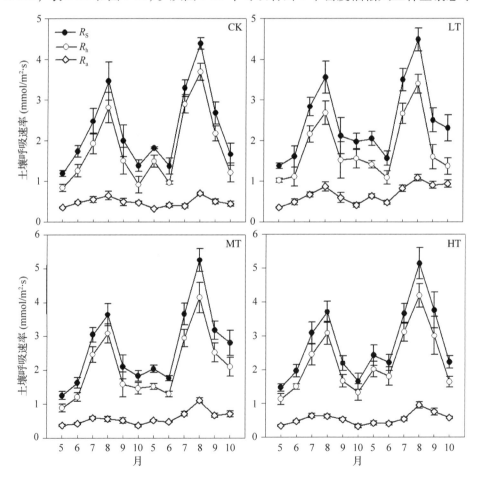

图8-11　2011 和 2012 生长季不同密度油松人工林不同处理下土壤呼吸速率的季节动态

吸变化具有相同的趋势：夏季(8月)呼吸速率最大，这是由于8月土壤温度和土壤湿度均较高，呼吸速率最小发生在6月，这主要是由于6月降水量较其他月都低。两个生长季平均土壤总呼吸速率变化范围为$2.29 \sim 2.79\ \mu mol\ CO_2/(m^2 \cdot s)$。2012年生长季土壤总呼吸速率峰值较2011年的高。在密度调控后两个生长季中，密度减小的林分土壤总呼吸速率均较对照样地的高。林分密度减小后第一个生长季采伐样地较未采伐样地土壤总呼吸速率提高$7.5\% \sim 10.0\%$。第二个生长季对照样地土壤总呼吸速率$2.53\ \mu mol\ CO_2/(m^2 \cdot s)$显著低于中度干扰林分的$3.11\ \mu mol\ CO_2/(m^2 \cdot s)$和强度干扰林分的$3.23\ \mu mol\ CO_2/(m^2 \cdot s)$，但与弱度干扰林分的$2.73\ \mu mol\ CO_2/(m^2 \cdot s)$无显著差异(表8-19)。

表8-19　不同密度油松人工林土壤呼吸速率均值

土壤呼吸	CK	LT	MT	HT
R_s	2.29(0.29)a	2.49(0.27)a	2.68(0.33)b	2.79(0.31)b
R_a	0.48(0.03)a	0.69(0.07)c	0.58(0.06)b	0.55(0.05)b
R_h	1.81(0.26)a	1.80(0.22)a	2.10(0.28)b	2.24(0.27)b

括号内的数字为标准差；不同字母表示差异显著。

不同密度林分土壤异养呼吸速率表现出明显的季节动态($p < 0.001$；表8-20和图8-11)，其变化趋势与土壤总呼吸速率相同：春季呈逐渐上升趋势，夏季达到最大值，秋季又开始逐渐减小，且2012年生长季土壤异样呼吸速率峰值较2011年的大。不同密度强度两个生长季平均土壤异养呼吸速率变化范围为$1.80 \sim 2.24\ \mu mol\ CO_2/(m^2 \cdot s)$。土壤微生物受采伐作业的影响，中、强度干扰林分土壤异养呼吸速率生长季平均值均较对照样地明显增加趋势。方差分析表明，油松人工林密度减小显著提高了土壤异养呼吸速率。

林分密度改变显著影响土壤自养呼吸速率($p < 0.001$；表8-20)，林分密度减小后其土壤自养呼吸速率均大于对照样地的，两个生长季LT、MT、LT及CK林分平均土壤自养呼吸速率依次为0.55、0.58、0.69、0.48$\mu mol\ CO_2/(m^2 \cdot s)$。

表8-20　不同密度油松人工林土壤呼吸方差分析结果

变异来源	df	R_s		R_a		R_h	
		F	p	F	p	F	p
季节 (S)	5	141.112	0.000	114.225	0.000	38.132	0.000
密度 (D)	3	10.566	0.001	11.514	0.000	20.575	0.000
S×D	8	92.158	0.000	75.709	0.000	31.548	0.000

三、土壤呼吸组分的贡献率

不同密度油松人工林不同组分对土壤总呼吸的贡献率大小不同(表8-21)。

轻度干扰林分土壤自养呼吸对土壤总呼吸贡献率较其他样地大。但是土壤异养呼吸是土壤总呼吸的重要组成部分，约占土壤总呼吸的71.6%~79.9%。2011年生长季土壤异养呼吸所占比例随着林分密度减小而增加。2012年生长季，中度干扰和强度干扰林分土壤异养呼吸所占比例与对照样地没有明显区别，但弱度干扰林分土壤异养呼吸所占比例与对照样地具有显著差异。两个生长季CK、LT、MT和HT林分土壤异养呼吸所占比例分别为76.8%、71.6%、77.3%和79.7%。

表 8-21　不同密度油松人工林土壤呼吸各组分贡献率

时间/年	R_a				R_h			
	CK	LT	MT	HT	CK	LT	MT	HT
2011	26.1	25.7	22.4	21.4	73.9	74.3	77.6	78.6
2012	20.2	31.1	23.1	19.2	79.8	68.9	76.9	80.8
平均	23.2	28.4	22.7	20.3	76.8	71.6	77.3	79.7

四、土壤呼吸速率与水热因子的关系

（一）土壤总呼吸速率与温湿度的关系

整个生长季中，不同密度油松人工林土壤总呼吸速率与土壤温度和土壤湿度显著相关（$p < 0.01$）。在所有林分中，土壤总呼吸速率与土壤湿度呈显著线性相关，土壤湿度解释了土壤总呼吸速率变化的56.1%~73.4%。生长季土壤水分干旱及降雨对土壤呼吸的影响明显可见。观测表明，土壤总呼吸速率的低值出现在降雨较少的月份（6月）。生长季土壤干旱后的降雨对土壤总呼吸具有促进作用。2011年土壤总呼吸速率的最大值出现在223d[5.43μmol CO_2/（$m^2 \cdot s$）]，HT；5.37μmol CO_2/（$m^2 \cdot s$），MT；4.87μmol CO_2/（$m^2 \cdot s$），LT；4.23μmol CO_2/（$m^2 \cdot s$），CK；2012年土壤总呼吸速率的最大值出现在227d[6.83μmol CO_2/（$m^2 \cdot s$）]，HT；6.61μmol CO_2/（$m^2 \cdot s$），MT；6.28μmol CO_2/（$m^2 \cdot s$），LT；5.69μmol CO_2/（$m^2 \cdot s$），CK。这些较大的土壤总呼吸速率与测定前1~2日降水出现有关。

不同密度油松人工林土壤总呼吸速率与土壤温度均呈指数相关（$P < 0.01$），回归方程系数及 Q_{10} 值见表8-22。土壤温度解释了土壤总呼吸速率54.0%~60.5%，其中强度干扰林分土壤温度对土壤总呼吸速率影响最大。通过土壤总呼吸速率与土壤温度指数方程可得出CK、LT、MT和HT林分土壤呼吸的敏感性指数（Q_{10}）值分别为2.15、2.04、2.36和2.18。

表 8-22　土壤总呼吸速率与土壤温度(T)和土壤湿度(M)统计模型参数

处理	M			
	β_0	β_1	P	R^2
CK	0.212(0.429)	0.137(0.026)	0.000	0.729
LT	0.446(0.453)	0.131(0.027)	0.000	0.698
MT	0.451(0.666)	0.144(0.040)	0.005	0.561
HT	0.452(0.475)	0.157(0.030)	0.000	0.734

处理	T				
	Q_{10}	β_2	β_3	P	R^2
CK	0.781(0.293)	0.076(0.023)	0.007	0.540	2.15
LT	0.857(0.276)	0.071(0.019)	0.004	0.574	2.04
MT	0.711(0.265)	0.086(0.021)	0.003	0.605	2.36
HT	0.824(0.032)	0.078(0.022)	0.004	0.587	2.18

处理	T/M					
	β_4	β_5	β_6	P	R^2	Q_{10}
CK	0.245(0.060)	0.017(0.028)	0.730(0.326)	0.004	0.701	1.18
LT	0.408(0.100)	0.007(0.055)	0.614(0.635)	0.039	0.514	1.07
MT	0.698(0.092)	0.058(0.051)	0.145(0.556)	0.046	0.472	1.79
HT	0.298(0.052)	0.002(0.029)	0.816(0.325)	0.002	0.741	1.02

　　土壤温度、土壤湿度以及其他生物因子等综合作用对土壤呼吸具有显著影响。无论是土壤呼吸与土壤温度的关系模型，还是土壤呼吸与水分的单因素关系模型都在一定程度上忽略了另外因素的作用，因此，本研究对土壤总呼吸速率与土壤温度和土壤湿度的复合关系进行拟合，拟合结果见表 8-22 所示。CK、LT、MT 和 HT 林分中土壤温湿度共同解释了土壤总呼吸速率的 70.1%、51.4%、47.2% 和 74.1%，这表明强度干扰林分土壤温、湿度两环境因子对土壤总呼吸速率影响最大。与单因子模型相比，复合模型的决定系数 R^2 值在强度干扰林分有所提高，而弱度干扰和中度干扰林分均有所降低，这表明用复合方程预测土壤呼吸准确性提高。土壤湿度和土壤温度与土壤呼吸关系 3D 模拟图如图 8-12。土壤湿度和土壤温度对土壤总呼吸速率影响最明显的出现在强度 HT 干扰林分内。

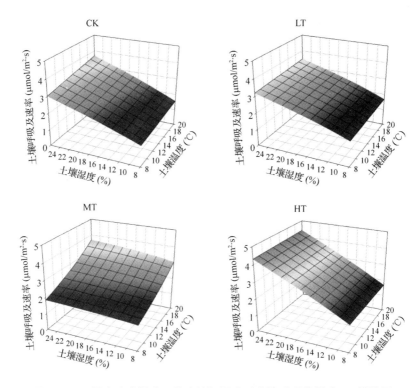

图8-12　不同密度油松人工林土壤温湿度对土壤呼吸的影响3D模拟图

(二)土壤呼吸各组分与温湿度的关系

土壤湿度及其季节变化对土壤呼吸组分具有重要影响。土壤自养呼吸速率和土壤异养呼吸速率与土壤湿度的关系分析结果表明,土壤异养呼吸速率与土壤湿度的相关性较强。4种密度油松人工林土壤异养呼吸速率与土壤湿度关系方程的R^2值均大于0.80,明显高于土壤自养呼吸速率与土壤湿度关系的R^2值(表8-23),说明在该区域油松人工林土壤异养呼吸速率受土壤湿度的影响较土壤自养呼吸速率的大。

表8-23　土壤呼吸各组分与10cm处土壤湿度的关系

处理	模型	R	p
CK	$R_a = 0.012M + 0.297$	0.673	0.017
	$R_h = 0.123M - 0.131$	0.849	< 0.001
LT	$R_a = 0.021M + 0.356$	0.550	0.064
	$R_h = 0.112M - 0.013$	0.875	< 0.001

（续）

处理	模型	R	p
MT	$R_a = 0.018M + 0.302$	0.526	0.079
	$R_h = 0.134M - 0.037$	0.810	0.001
HT	$R_a = 0.021M + 0.238$	0.681	0.015
	$R_h = 0.133M + 0.183$	0.842	<0.001

　　HT 和 MT 林分土壤自养呼吸速率均与土壤温度呈显著指数相关关系（$p <$ 0.05）（图 8-13，表 8-24）。不同密度油松人工林，土壤温度解释了土壤自养呼吸速率 12.0%~42.8%。其中 HT 林分土壤温度对土壤自养呼吸速率影响最大（$p =$ 0.021）。不同密度油松人工林，土壤异养呼吸速率均与土壤温度呈显著指数相关关系（$p < 0.05$）（图 8-13，表 8-24）。土壤异养呼吸速率与土壤温度指数相关关系

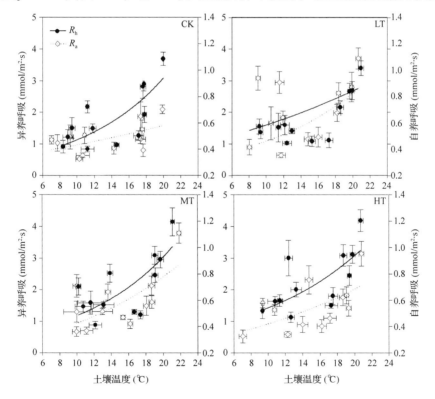

图 8-13　生长季土壤自养呼吸速率与异养呼吸速率与 10cm 处土壤温度的关系

（2011 年和 2012 年 5~10 月）

模型参数受林分密度影响。其中密度减小的林分中"β_0"较对照样地低，而"β_1"则相反。不同密度油松人工林，土壤温度解释了土壤异养呼吸速率48.4%~55.9%。不同密度油松人工林土壤自养呼吸速率温度敏感系数 Q_{10} 值差异显著，其大小顺序为 MT > HT > LT > CK，而对照林分土壤异养呼吸速率温度敏感系数 Q_{10} 值均较其他密度林分的高。

表8-24　土壤自养呼吸速率与异养呼吸速率温度敏感性

处理	自养呼吸 R_a					异养呼吸 R_h				
	β_2	β_3	R^2	p	Q_{10}	β_2	β_3	R^2	p	Q_{10}
CK	0.323	0.029	0.298	0.067	1.34	0.412	0.101	0.559	0.005	2.75
LT	0.403	0.037	0.120	0.145	1.45	0.453	0.088	0.630	0.002	2.41
MT	0.231	0.061	0.428	0.021	1.84	0.459	0.094	0.516	0.009	2.56
HT	0.258	0.049	0.348	0.044	1.63	0.658	0.077	0.484	0.012	2.16

与单因子模型相同，4种不同密度油松人工林，土壤自养呼吸速率与土壤湿度和土壤温度复合模型 R^2 值均较土壤异养呼吸速率的低（表8-25）。土壤湿度和土壤温度共同解释了30.2%~46.4%土壤自养呼吸速率的季节变化，而土壤湿度和土壤温度共同解释了66.7%~77.3%土壤异养呼吸速率的季节变化。土壤湿度和土壤温度与土壤自养呼吸速率和土壤异养呼吸速率关系3D模拟图如图8-14、图8-15。土壤湿度和土壤温度对土壤自养呼吸速率影响最明显的出现在弱度干扰林分，土壤湿度和土壤温度对土壤异养呼吸速率影响最明显的出现在强度干扰林分。

表8-25　土壤自养呼吸速率(Ra)、土壤异养呼吸速率(Rn)
与土壤温度(T)及土壤湿度(M)的复合关系方程参数

处理	土壤呼吸组成 R_s	β_4	β_5	β_6	p	R^2
CK	R_a	0.298	0.011	0.002	0.066	0.454
	R_h	0.182	0.066	0.026	0.003	0.733
LT	R_a	0.356	0.021	1.3×10^{-4}	0.198	0.302
	R_h	0.220	0.069	0.018	0.001	0.773
MT	R_a	0.230	-1.0×10^{-4}	0.062	0.081	0.428
	R_h	0.256	0.073	0.024	0.007	0.667
HT	R_a	0.240	0.020	0.002	0.060	0.464
	R_h	0.191	0.131	0.005	0.003	0.709

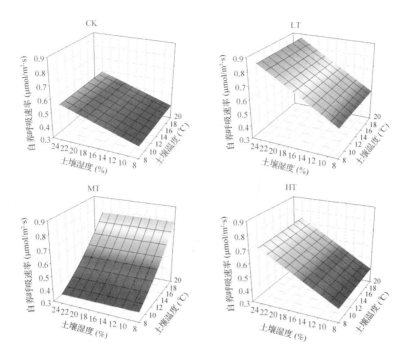

图 8-14　不同密度油松人工林土壤温湿度对土壤自养呼吸的影响 **3D** 模拟图

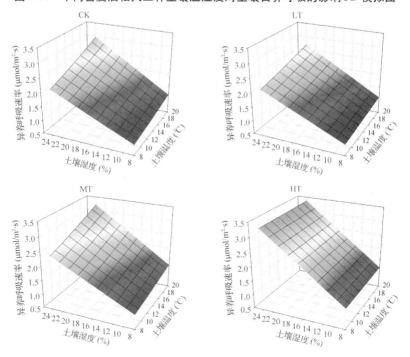

图 8-15　不同密度油松人工林土壤温湿度对土壤异养呼吸的影响 **3D** 模拟图

五、生长季土壤呼吸通量

生长季土壤总呼吸通量随着密度减小而增加(图 8-16)，2011 年生长季土壤总呼吸通量变化范围为 380. 728～436. 849 g C/m²，2012 年生长季土壤总呼吸通量变化范围为 473. 118～603. 027 g C/m²。此外，独立样本 t 检验表明 4 个密度林分间土壤总呼吸差异的显著。中度和强度干扰样地 2012 年生长季土壤总呼吸通量显著高于对照和弱度干扰的。2012 年各密度油松人工林生长季土壤总呼吸通量均较 2011 年有所提高。CK、LT、MT 和 HT 林分 2012 年生长季土壤总呼吸通量较 2011 年的分别提高了 21. 5%、21. 9%、38. 7%和 40. 8%。

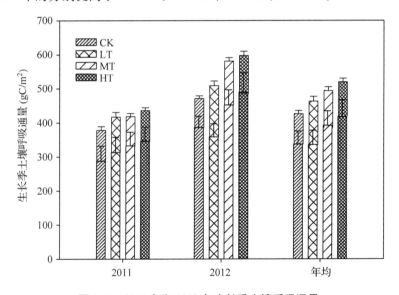

图 8-16　2011 年和 2012 年生长季土壤呼吸通量

生长季土壤自养呼吸通量随着密度减小呈波动趋势，2011 年生长季土壤自养呼吸通量变化范围为 87. 369～105. 901 g C/m²，2012 年生长季土壤自养呼吸通量变化范围为 86. 495～151. 656 g C/m²。2012 年生长季受干扰林分土壤自养呼吸均显著高于对照样的。2012 年除对照样地外，生长季土壤自养呼吸通量均较 2011 年有所提高。LT、MT 和 HT 林分 2012 年生长季土壤自养呼吸通量较 2011 年的分别提高了 43. 2%、48. 8%和 25. 1%。

生长季土壤异养呼吸通量随着密度减小而增加，2011 年生长季土壤异养呼吸通量变化范围为 287. 770～346. 159 g C/m²，2012 年生长季土壤异养呼吸通量变化范围为 386. 623～489. 584 g C/m²。独立样本 t 检验表明 4 个密度林分间土壤异养呼吸差异的显著。2012 年各密度控制条件下生长季土壤异养呼吸通量均较

2011 年有所提高。CK、LT、MT 和 HT 林分 2012 年生长季土壤异养呼吸通量较 2011 年的分别提高了 34.4%、14.7%、36.1% 和 41.4%。

六、综合因子对土壤呼吸的影响

对所有林分 2011 年和 2012 年两个生长季土壤呼吸与相关影响因子进行多元回归分析(表 8-26)。其中土壤湿度、活细根生物量、表层土壤有机碳含量、土壤温度这 4 个因子解释 70% 土壤总呼吸的变化。除了模型中常数项,其他所有参数和回归均具有显著性。两个生长季,土壤总呼吸在很大程度上受到这些生物物理变量的影响。这些变量的标准化系数大小排序为:土壤温度 > 活细根生物量 > 表层土壤有机碳含量 > 土壤湿度。

表 8-26 两个生长季所有样地土壤总呼吸多元回归分析

时间		常数(a)	M(b)	LFR(c)	SOC(d)	T(e)
2011 年生长季	累积 R^2		0.680	0.724	0.796	0.857
	系数	-0.318	0.076	-0.730	1.244	0.122
	标准化回归系数		0.601	-0.864	0.439	0.652
	P	0.507	0.002	0.000	0.004	0.011
2012 年生长季	累积 R^2		0.673	0.733	0.758	0.869
	系数	0.339	0.092	-0.484	0.457	0.144
	标准化回归系数		0.486	-0.530	0.293	0.535
	P	0.349	0.009	0.000	0.005	0.049
两个生长季	累积 R^2		0.571	0.608	0.688	0.747
	系数	0.060	0.062	-0.448	0.741	0.128
	标准化回归系数		0.369	-0.480	0.392	0.525
	P	0.849	0.013	0.000	0.001	0.003

第四节 密度调控对油松人工幼龄林土壤碳循环的影响

不同密度油松人工林土壤总有机碳密度表现为 MT > HT > LT > CK,且各林分中,矿质土壤碳库主要分布在 0～30cm 的土壤表层,CK、LT、MT、HT 表层矿质土壤碳密度分别为 42.545、45.272、50.596、47.316 t/hm² (表 8-27),土壤有机碳密度近一半的分布在 0～30cm 土层中,这说明油松林 0～30cm 土壤层是矿质土壤中碳的主要贮存层。

油松人工林土壤碳库年输入量见表 8-28。土壤碳库输入主要包括地上凋落物、细根死亡年凋落物以及采伐后留在土壤中根系。本书研究表明,各林分地上凋落物碳输入量均较细根死亡年凋落物大，地上凋落物碳输入量随密度减小而减小，而中度干扰林分细根死亡年凋落物碳输入量最大，其次为轻度干扰林分，对照林分细根死亡年凋落物碳输入量最小。采伐后留在土壤中根系碳输入量随林分密度减小而增大。

表 8-27　油松人工林土壤有机碳密度

项目	处理	土层深度					
		0~10cm	10~20cm	20~30cm	30~50cm	50~70cm	70~100cm
有机碳含量 （g/kg）	CK	16.047	12.414	8.806	6.534	3.008	1.254
	LT	16.630	13.187	11.110	8.129	4.046	1.565
	MT	18.864	14.313	10.589	7.631	3.778	1.286
	HT	16.625	13.725	9.647	7.641	3.047	1.854
容重 （g/cm³）	CK	1.078	1.162	1.228	1.483	1.466	1.413
	LT	1.053	1.147	1.138	1.229	1.220	1.228
	MT	1.145	1.153	1.180	1.213	1.265	1.278
	HT	1.120	1.221	1.238	1.293	1.390	1.396
碳储存量 （t/hm²）	CK	17.303	14.427	10.814	19.375	8.821	5.314
	LT	17.504	15.128	12.640	19.972	9.876	5.764
	MT	21.599	16.508	12.490	18.507	9.559	4.928
	HT	18.619	16.758	11.938	19.757	8.468	7.765

表 8-28　油松人工林土壤碳输入、输出、转化及贮存（t/hm²）

模型	模型参数	处理			
		CK	LT	MT	HT
输入	合计	4.399	6.046	7.422	8.019
	L	2.921	2.536	2.377	1.918
	L_r	1.478	1.607	1.726	1.546
	L_C	0	1.903	3.32	4.556
输出	R_s	4.269	4.645	5.009	5.199
	R_a	1.122	1.61	1.358	1.276
	R_h	4.215	4.197	4.903	5.223
转化	合计	1.261	0.875	1.015	0.964
	T_a	0.363	0.432	0.45	0.507
	T_h	0.898	0.443	0.565	0.457

（续）

模型	模型参数	处理			
		CK	LT	MT	HT
贮存量	合计	80.246	84.628	86.838	86.579
	M_o	2.513	2.052	1.799	1.928
	M	76.054	80.883	83.591	83.306
	M_{DFR}	0.421	0.489	0.495	0.567
	M_{LFR}	1.258	1.203	0.953	0.778

土壤呼吸通量则与林分密度呈负相关关系，即密度越小，其土壤呼吸通量越大，其中土壤异养呼吸通量随密度变化趋势与土壤总呼吸通量相同。CK、LT、MT、HT 土壤年贮存有机碳量分别为：80.246、84.628、86.838、86.579 t/hm^2，其中矿质土壤碳密度占土壤储量的 95% 以上。凋落物层和细根中碳储存量尽管很小，但是其在土壤碳平衡中发挥着重要的作用。CK、LT、MT 和 HT 林分土壤碳收支结余分别为 0.184、1.849、2.519 和 2.796 $t/(hm^2 \cdot a)$，均表现出"碳汇功能"。油松人工林土壤有机碳周转时间分别为 18.0、19.3、17.0 和 15.9 年。

第五节　结　语

油松人工林地上年凋落量和年凋落物碳素输入量随林分密度减小而减小。油松人工林叶凋落物年平均分解系数随林分密度减小而增大，周转期随林分密度减小而减小。在叶凋落物分解过程中，N 元素表现为富集—释放模式，其他元素呈淋溶—释放模式。从各元素的周转期时间可以看出，K 元素的周转速度最快，P 次之，再次为 N，C 的周转速度最慢。从各密度林分元素释放可以看出，轻度干扰促进了叶凋落物 K 和 C 的释放，中度干扰促进了叶凋落物 C 的释放，强度干扰促进了叶凋落物 N、K 和 C 的释放。各密度林分叶凋落物中养分元素归还量大小排序为：CK > MT > HT > LT。油松人工林叶凋落物 N、P、K、C 4 种元素归还总量排序为 C > N > P > K。

油松人工林细根生物量随林分密度减小而减小，但死细根生物量随林分密度减小而增加。密度调整显著影响了细根生物量垂直分布格局。根系分布系数随林分密度减小而减小，其中 0~30cm 土层细根生物量占 70% 以上。油松人工林细根的生长和周转具有明显的季节动态，不同密度活细根生物量的季节变化差异显著，而死细根生物量的季节变化差异不显著。油松细根生长呈双峰型变化趋势，第一个高峰出现在 5 月份，密度调整后的林分细根第二个高峰较未调整林分出现得早，不同密度林分最小值均出现在 10 月份。回归分析表明，土壤各因子季节变化对细根生物量的季节变化解释量较小，但土壤各因子季节变化的综合效应对细根生物量的季节变化影响较大，但随着林分密度减小，这种影响效应逐渐减弱。MT 林分细根年平均分解系数最大，其周转期也是最小。从各元素的周转期时间可以看出，C 元素的周转速度最快，N 次之，再次为 P，K 的周转速度最慢。从各密度林分元素释放可以看出，轻度干扰促进了细根 N、P、K 和 C 元素的释放，中度干扰促进了细根 P、K 和 C 元素的释放，强度干扰促进了细根 N、P、K 和 C 元素的释放。各密度林分细根中养分元素归还量随林分密度增大而增大。油松人工林细根 N、P、K、C 4 种元素归还总量排序为 C > N > P > K。

本书研究发现，随着油松人工林密度的减小，土壤呼吸速率增加，但土壤呼吸各组分随林分密度变化其变化幅度不同。LT、MT 和 HT 林分土壤自养呼吸均较对照 CK 林分显著提高，MT 和 HT 林分土壤异养呼吸较对照林分显著提高，LT 林分与对照 CK 林分无显著差异。不同密度林分土壤总呼吸速率表现出明显的季节动态，各密度林分土壤呼吸速率最高值出现在 8 月份，这与该月的温湿度较高有关。不同密度油松人工林不同组分对土壤总呼吸的贡献率大小不同，土壤异养呼吸是土壤总呼吸的重要组成部分。土壤温湿度是影响土壤呼吸的重要影响因子。不同密度油松人工林土壤总呼吸速率与土壤温度均呈指数相关（$p < 0.01$）与土壤湿度呈显著线性相关（$p < 0.01$）。HT 林分中土壤温湿度共同对土壤总呼吸速率和自养呼吸速率变化的解释率最大；LT 林分中土壤温湿度共同对土壤异养呼吸速率变化的解释速率最大。生长季土壤总呼吸通量随着密度减小而增加，其中土壤自养呼吸通量随着密度减小呈波动趋势，土壤异养呼吸通量随着密度减小而增加。对 4 个密度油松人工林土壤呼吸与环境因子进行多元回归分析表明土壤湿度、活细根生物量、表层土壤有机碳含量、土壤温度这 4 个因子解释 70% 油松人工林土壤呼吸的变化。

森林密度调整后，会导致林地土壤有机碳储量增加，且林地土壤碳储量的增加程度随着林分密度增加先增大后减小。凋落物层和细根中碳储存量尽管很小，但是其在土壤碳平衡中发挥着重要的作用。CK、LT、MT 和 HT 林分土壤碳收支结余均为正值，均表现出"碳汇功能"。因此，经营管理好现有的油松人工林生态系统，以提高土壤固碳能力，使土壤的"碳汇"的功能增加。

第九章　密度调控对油松人工幼龄林
生态效益的影响

第一节　评价方法

根据中华人民共和国林业行业标准(LY/T1721—2008)《森林生态系统服务功能评估规范》的评估指标及其计算公式，开展涵养水源、保育土壤、固碳释氧、积累营养物质 4 项功能的生态效益评估。

涵养水源功能主要是指森林地降水的截留、吸收和贮存，将地表水转化为地表径流或地下水的作用，主要功能表现在增加可利用的水资源、净化水质和调节径流 3 个方面。本书研究选取调节水量和净化水质两个指标，反映山西太岳山管理局油松人工林在不同经营模式下的涵养水源功能。

森林保育土壤是指林中活地被物和凋落物层截留降水、降低水滴对地表土的冲击和地表径流的侵蚀作用；同时林木根系固持土壤，防止土壤崩塌泻溜，减少土壤肥力损失以及改善土壤结构的功能。由此，森林的保育土壤功能可以通过土壤侵蚀程度表现出来，对于山西油松人工林不同经营措施下的保育土壤功能的评价主要从固土和保肥两个方面来进行。

森林生态系统固碳释氧是指通过植被、土壤动物和微生物固定碳素，释放氧气的功能，这对维持大气中的二氧化碳和氧气的动态平衡、减少温室效应有着巨大和不可替代的作用。本书研究选取固碳量、释氧量 2 个指标反映山西油松人工林固碳释氧功能。

对于山西油松人工林林木积累营养物质量主要通过计算每年树木吸收的营养物质——氮(N)、磷(P)、钾(K)主要营养元素来体现。

一、涵养水源效益评估

由表9-1可知，CK、LT、MT、HT 4 种密度油松人工林的地表径流量分别为 4.44、5.12、3.64 和 5.87mm/a，占降雨总量的 0.75%、0.86%、0.61% 和 0.99%；蒸散量分别为 412.23、419.56、408.67 和 410.96mm/a，占降雨总量的 69.86%、71.10%、69.25% 和 69.64%；其中，通过地表径流流出的水量所占比

例较小，平均占总降雨量 0.81%，大部分水量以蒸散形式散失，平均占
69.96%。通过水量平衡公式计算，4 种密度油松人工林单位面积的年调节水量
分别为 8.67、8.27、8.89 和 8.66m³，MT 林分的水源涵养量最大，较对照多涵
养水量 0.22m³，HT 和 LT 2 种林分水源涵养量均低于对照。从不同密度调整的林
分地表径流量差异可以看出，MT 林分的地表径流量较其他林分的小，因此，MT
林分减缓洪水能力最强。

表 9-1　不同密度油松人工林涵养水源物质量

处理	林外降水量 （mm/a）	地表径流量 （mm/a）	蒸散量 （mm/a）	调节水量 [m³/(hm²·a)]
CK	590. 10	4. 44	412. 23	8. 67
LT	590. 10	5. 12	419. 56	8. 27
MT	590. 10	3. 64	408. 67	8. 89
HT	590. 10	5. 87	410. 96	8. 66

4 种密度油松人工林涵养水源价值量见表 9-2，CK、LT、MT、HT 的年涵养
水源价值分别为 100.07、95.45、102.58 和 99.98 元/(hm²·a)；其中，年调节
水量价值分别为 73.19、69.81、75.03 和 73.12 元/(hm²·a)；年净化水质价值
分别为 26.88、25.64、27.56 和 26.86 元/(hm²·a)。综上所述，MT 处理的水源
涵养效益最优，较 CK 提高效益 1.87%；其次是 HT 和 LT，较 CK 降低了 5.21%
和 0.72%；

表 9-2　不同密度油松人工林涵养水源价值量[元/(hm²·a)]

处理	调节水量	净化水质	涵养水源
CK	73. 19	26. 88	100. 07
LT	69. 81	25. 64	95. 45
MT	75. 03	27. 56	102. 58
HT	73. 12	26. 86	99. 98

二、保育土壤效益评估

4 种密度油松人工林保育土壤物质量见表 9-3。CK、LT、MT、HT 4 种密度
油松人工林减少土壤流失量在 2.3t 左右，固土量由大到小依次表现为 CK > LT >
MT > HT。由于不同密度油松人工林的土壤各组分含量不同，MT 林分有机质、
氮（N）、磷（P）含量均最大，CK 林分钾（K）含量最大，与固土量的大小分布结果
存在一定差异；综合 4 种林分之后的结果显示，保育土壤各组分物质量大小依次

表现为 MT > HT > CK > LT。

表9-3　不同密度油松人工林保育土壤各组分物质量[kg/(hm² · a)]

处理	固土量	组分				
		有机质	N	P	K	合计
CK	2361.00	33.00	1.84	1.25	3.93	40.02
LT	2337.00	30.84	2.24	1.00	3.77	37.86
MT	2323.10	43.83	3.09	1.75	3.78	52.45
HT	2316.00	35.54	2.37	1.32	3.79	43.02

对 4 种密度油松人工林的固土量和各组分价值量进行核算之后，结果见表9-4。CK、LT、MT、HT 年保育土壤价值量分别为 228.92、228.75、267.00 和232.30 元/(hm² · a)。MT 处理保育土壤效益为最优，较 CK 提高了 16.63%；其次为 HT，较 CK 提高了 1.48%；LT 较 CK 效益降低了 0.07%。

表9-4　不同密度油松人工林保育土壤价值量[元/(hm² · a)]

处理	固土量	组分				保育土壤
		有机质	N	P	K	
CK	109.72	26.40	43.41	27.38	22.01	228.92
LT	108.10	24.67	52.86	22.02	21.11	228.75
MT	99.55	35.06	72.83	38.38	21.18	267.00
HT	97.81	28.44	55.85	29.00	21.21	232.30

三、固碳释氧效益评估

对固碳释氧生态效益的评价以年净初级生产力(NPP)为基础进行评估。4 种密度油松人工林的固碳释氧物质量见表9-5，CK、LT、MT、HT 单位面积的年净初级生产力分别为 1.763、1.885、2.041 和 1.643t/(hm² · a)，其中 LT、MT 的年净初级生产力分别比对照多 0.122 和 0.278t/(hm² · a)，HT 的年净初级生产力比对照低 0.120t/(hm² · a)。4 种密度油松人工林年固碳量分别为 0.968、1.027、1.122 和 0.951t/(hm² · a)，其中植被固碳占各处理固碳总量在 76.76% ~ 81.60% 范围，土壤固碳在 18.40% ~ 23.24% 范围；年释氧量分别为 2.098、2.244、2.428 和 1.955t/(hm² · a)。

表9-5　不同密度油松人工林固碳释氧物质质量[t/(hm²·a)]

处理	年净初级生产力	固碳			释氧
		植被	土壤	合计	
CK	1.763	0.784	0.184	0.968	2.098
LT	1.885	0.838	0.189	1.027	2.244
MT	2.041	0.907	0.215	1.122	2.428
HT	1.643	0.730	0.221	0.951	1.955

CK、LT、MT、HT 固碳释氧价值量分别为 3965.13、4229.96、4591.69 和 3758.30 元/(hm²·a)(表9-6);LT、MT 的固碳释氧效益分别比 CK 处理提高了 6.68% 和 15.80%,HT 较 CK 降低了 5.22%。

表9-6　不同密度油松人工林固碳释氧价值量[元/(hm²·a)]

处理	固碳		释氧	固碳释氧
	植被	土壤		
CK	1004.30	235.70	2725.13	3965.13
LT	1073.48	242.11	2914.37	4229.96
MT	1161.87	275.42	3154.40	4591.69
HT	935.13	283.10	2540.07	3758.30

四、林木积累营养物质效益评估

通过实测林分年净生产力及林木各组分养分元素含量,得到林木营养年积累量。4 种密度油松人工林的林木积累营养物质量见表9-7。CK、LT、MT、HT 林木年积累 N 元素物质量分别为 54.052、57.792、62.575 和 50.373kg/(hm²·a);P 元素物质量分别为 6.722、7.188、7.782 和 6.265kg/(hm²·a);K 元素物质量分别为 19.088、20.409、22.098 和 17.789kg/(hm²·a);不同密度油松人工林之间的 3 种元素积累量均表现为 MT > LT > CK > HT。其中,林木积累总营养物质量 LT 和 MT 较对照 CK 多 5.527 和 12.593 kg/(hm²·a)。HT 比对照 CK 少 5.435kg/(hm²·a)。

表9-7　不同密度油松人工林林木积累营养物质量[kg/(hm²·a)]

处理	年净初级生产力	N	P	K	积累营养物质
CK	1763	54.052	6.722	19.088	79.862
LT	1885	57.792	7.188	20.409	85.389
MT	2269	62.575	7.782	22.098	92.455
HT	1643	50.373	6.265	17.789	74.427

CK、LT、MT、HT 林木年积累营养物质价值量分别为 1528.86、1634.66、1769.94 和 1424.80 元/(hm²·a)(表9-8)。4 种密度油松人工林的林木积累营养物质效益总体表现为 MT>LT>CK>HT，其中 LT、MT 较 CK 分别提高了 6.92% 和 15.77%，HT 较 CK 降低了 6.81%。

表9-8　不同密度油松人工林林木积累营养物质价值量(元/hm²·a)

处理	N	P	K	积累营养物质
CK	1274.08	147.89	106.89	1528.86
LT	1362.25	158.13	114.29	1634.66
MT	1474.98	171.21	123.75	1769.94
HT	1187.36	137.82	99.62	1424.80

五、不同密度油松人工林生态效益评估

对 4 种密度油松人工林的涵养水源、保育土壤、固碳释氧和林木积累营养物质等 4 种生态效益进行了核算。结果表明，4 种生态效益的分布中(图9-1)，固碳释氧效益所占比例最大，平均达到了 68.20%；其次为林木积累营养物质效益，平均占比 26.20%；涵养水源和保育土壤效益所占比例较小，平均占 1.65% 和 3.95%。综合 4 种类型的生态效益后，4 种不同密度油松人工林的总体效益表现为 MT>LT>CK>HT；其中 LT、MT 较 CK 分别提高了 6.28% 和 15.60%，HT 较 CK 降低了 5.28%。

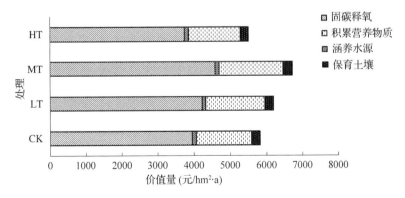

图9-1　不同密度油松人工林生态效益价值量

第二节　结　语

CK、LT、MT、HT 的年涵养水源价值分别为 100.07、95.45、102.58 和 99.98 元/hm^2；年保育土壤价值量分别为 228.92、228.75、267.00 和 232.30 元/hm^2；年固碳释氧价值量分别为 3965.13、4229.96、4591.69 和 3758.30 元/hm^2；林木年积累营养物质价值量分别为 1528.86、1634.66、1769.94 和 1424.80 元/hm^2。

CK、LT、MT、HT 的生态效益分别为 5822.98、6188.82、6731.21、5515.38 元/(hm^2·a)，轻度 LT 和中度 MT 调整林分总生态效益较对照林分提高 6.28% 和 15.60%。不同密度油松人工林各项生态效益价值量中，固碳释氧效益所占比例最大，其下依次为林木积累营养物质效益、涵养水源效益和保育土壤效益。由于强度 HT 调整的年净初级生产力比对照低 0.120t，因此强度 HT 调整林分总生态效益较对照 CK 林分降低了 5.28%。

油松林是华北地区温性针叶林的代表类型，油松是山西省最主要的造林树种之一，面积约占全省林地总面积的 33%，多为中幼龄林，由于初始种植密度过大，林分结构较差，生态效益没有得到充分发挥。根据不同密度调整强度生态效益变化分析结果得出，中等强度密度调整可有效加强油松人工林的可持续经营水平，提高林分生产力和生态功能。林分密度调整和生态功能之间的反应有一定的滞后性，同时由于密度调整时间较短，林分生长指标变化幅度小，本章研究仅是一些初步的结果。在今后的研究中将加强监测，进一步加强林分密度管理措施，提高现有林地生态功能功效。

第十章　油松人工林多功能快速评价

第一节　油松人工林多功能评价指标体系构建

多功能评价指标体系是进行油松人工林多功能发挥水平评价的基础和手段，为研究的有序展开提供基本框架，是评价工作的首要环节。现阶段针对森林资源进行评价主要集中于森林健康、森林质量和森林服务功能效益 3 个方面，从林分结构对功能进行评价的研究较少。在林业领域"多功能"这一概念，提出时间相对较早，但研究主要从理论角度进行阐述，具体关于"功能"评价标准还未达成共识，本研究以样地实测为主体，充分总结前人研究成果基础上，通过与导师及专家组的沟通，建立了"多功能"评价指标体系，对太岳山国有林管理局油松人工林的多功能发挥能力进行粗浅的探讨。

一、评价指标选取原则

文中评价指标筛选过程中，主要依据的原则：①科学合理性原则。在这一原则中，要求所选取的各项指标，确实能够准确的反映和表征待评价项的功能性质和结构规律特点，在对所选取指标进行描述时，要依据相关的文献研究、科研标准等，保证指标的规范性。②整体系统性原则。在评价体系构建过程中，要保证选取指标在对应评价项中具有独立性和最大限度的代表性，同时在整体评价体系中，要与评价体系结构保持一致性。③可操作性原则。在选取各指标时，应充分考虑所选指标实际度量的易操作性，保证各个指标均能较易获取及量化可测，避免模糊性指标的出现；杜绝出现多余、重复指标项，使各指标层精练，但必须保证所表征项信息量的充足。④符合实际原则。在构建体系时，必须保证体系的针对性，使评价体系与研究对象的结构特征——对应，使评价指标体系具有较高的实用性。

二、评价指标筛选标准

对油松人工林多功能发挥水平进行合理、客观评价，必须要建立在一个符合实际、科学客观、易操作实施的评价体系上。本研究在严格依照上述原则的基础上，在选取与本研究相关的指标时，依据运用频率高、多数学者认可的标准。结合本研究的特点，对相应指标进行了适度的调整和增补。本文中，在指标的选用上遵从以下方式：①理论逻辑分析，主要分为两个层面。分析研究对象结构、功能和过程的特点，根据研究对象特有及普遍存在的规律特点提出对应的指标。②指标转化，当所选定的指标虽能很好且针对性较强，但在实际测量和操作过程中不容易实现，需要根据机理之间的逻辑关系，进行指标的转化，以达到针对性和可操作性兼顾。③总结提取，总结前人相关研究成果，根据相应指标的认可程度，选取较为一致的对应指标。咨询专家组，由同领域内专家、学者进行讨论，提出相应的评价指标。

三、多功能评价指标体系

《中国森林生态系统服务功能研究》书中将森林在服务层面的功能划分为水源涵养、固碳释氧、多样性保护等 8 大类，共 14 项指标。本书研究根据研究地林分实际地位及作用，综合专家组意见，共选取 4 类功能作为研究的重点内容。从林分结构层面，在常规评价指标体系中选取了 14 项指标，在快速评价指标体系中选取了 9 项指标。油松人工林多功能快速评价指标体系是以多功能常规评价指标体系为基础，依据森林资源二类调查小班数据结构特点，对指标作进一步的精简、转化及适度增补而建立。

(一) 林业产品产出功能

本文针对山西省太岳山国有林管理局油松人工多功能发挥水平进行评价，结合国有林管理局林分类型分类表 10-1 知，用材林仅占整体林分面积的 6.43%，研究区域内油松人工林主要被划分为生态公益林，林分以发挥生态效益为主。但是，单位面积蓄积量是林分一个重要参数，可以反映出林分的潜在木材输出能力，而且能较为直观地反映出林分的健康状态。所以在本研究中选取木材输出能力作为林业产品产出功能的表征指标，用于评价研究区域内油松人工林潜在的木材产出能力。

表 10-1 山西太岳山崭有林管理局森林类型（hm²）

类别		有林地	疏林地	灌林木	合 计
防护林	水源涵养	58896.1	3116.2	9838.0	71850.3
	水土保持	33655.0	2957.9	4107.4	40720.3
	其他防护	3019.6	196.1	448.4	3664.1

（续）

类别		有林地	疏林地	灌林木	合　计
防护林	国防	30.1	0	0	30.1
	实验	203.5	0	0	203.5
	自然保护	10932.0	1182.9	1174.4	13289.3
用材林	速生丰产用材	544.4	0	0	544.4
	一般用材	8223.6	145.9	0	8369.5
经济林	果树	11.8	0	0	11.8
	食用鱼料	3.5	0	0	3.5

（二）水源涵养功能

区域内的油松人工林主要被划分为水源涵养林，由太岳山国有林管理局林分分类表10-1知，水源涵养林占整体林分面积高达51.81%；在本研究中，水源涵养功能与其他功能相比较，主导作用明显，其他功能为辅助功能。

（1）在评价体系中选取林冠截留能力，作为林分水源涵养指标之一。周彬（2013）在本研究区域，通过对近60场降雨的监测，将林冠截留量与林分密度调控强度两者之间的关系表示为：$y = 41.29x - 6.921$（y 为降水截留率，x 为林分密度调控强度），相关系数为 $R^2 = 0.929$，方程拟合显著程度为极显著，说明林分密度调控强度能较好地表征林冠截留能力。林分密度调控强度作为一个林分结构的重要特征参数，能够很好地表征降水及光照通过林冠层进入林内重新分配的格局（Fernández et al，2002），是诸多相关研究体系构成的必不可少的重要指标。本研究中选取林分密度调控强度作为林冠截留能力的间接表征指标。

（2）林下植被截留能力。在林分内部，对降水截留和再分配环节中，林下植被也同样发挥着重要的作用。在本研究中用林下植被盖度作为反映截留能力的表征指标。

（3）凋落物持水能力。林下枯落物是林分整体结构的一个重要组成部分，也同样是森林系统物质交换的平台和能量循环的必经环节，对整个林分生态功能的发挥有着重要的作用，尤其体现在水文效应方面。莫菲（2009）在其枯落物持水效应研究中指出，林内枯落物层能很好地缓冲雨水对地面的冲击，对林分的水源涵养功能起到很重要的支撑作用。

（4）土壤持水能力。土壤持水能力和土壤的理化性质关系密切，具体涉及的指标有土壤持水量、土壤容重等，但由于太岳山国有林管理局土壤类型为褐壤和棕壤为主，理化性质差异不显著，具体分析见标准划分，但土壤孔隙度作为水源涵养功能的关键参数本书予以保留。本研究选取土壤的厚度和土壤孔隙度作为土壤持水能力的主要参考指标。土壤在森林生态系统中发挥着重要的调节、缓冲和储存功能，对维持森林系统的稳态意义重大，同时土壤厚度作为土壤结构的关键参数，可以很好地表征森林水源涵养功能。

（三）固碳释氧功能

在固碳释氧方面，在常规体系中主要选取了乔木层地上平均生物量、林下植被平均生物量和林龄3个指标对油松人工林分的固碳释氧功能进行说明。植被生物量指标在森林生态效益评价中的重要构成指标，在本书中也采用生物量指标作为林分固碳释氧能力的间接表征指标；同时增加林龄指标，以增强评价的针对性。

在油松人工林多功能快速评价体系中，选取叶面积指数和林龄来表征固碳释氧功能。叶子作为光合过程的载体与平台，为植被的生长提供了源源不断的物质和能量，维持着整个生态系统的平衡和稳态。叶片是森林发挥碳汇作用的门户，也是最本质的部位，所以选用叶面积指数来反映林分固碳释氧能力是合理的。1947年叶面积指数这一概念也随着人们对叶片研究的不断深入而产生，并且得到了包括生态学、农林业等领域专家的认可，成为描述和衡量林分结构的关键指标。油松人工林叶面积指数与生物量的相关研究也颇丰，研究表明叶面积指数与油松生物量两者之间呈现正相关关系。温远光（2008）等以广西桉树人工林为研究对象，分析了叶面积指数与林下植被生物量的关系，研究结果表明，林分叶面积指数与林下植被生物量呈现显著的正相关关系。

（四）保护生物多样性功能

森林作为一个复杂而有序的系统，与生长环境存在着动态的响应机制，为林内物种的生长和演化提供了必要的有利条件，对林内物种起到了保护作用。林下植被作为森林系统的一个重要的组成模块，在受到森林庇护的同时，也对森林各项功能的发挥上起到了重要的支持作用。在评价和描述林下植被多样性时，主要指标有植被丰富度、均匀度和Shannon-Wiener多样性指数等指标。在本研究中选取植被丰富度、Pielou均匀度和Shannon-Wiener指数作为生物多样性保护功能的指标（表10-2）。

表 10-2　太岳山油松人工林多功能评价指标体系

总目标层	准则层次	常规评价指标层	指标
油松人工林多功能功能评价	林业产品产出功能(B1)	木材输出能力(C1)	单位面积蓄积量(C1)
		林冠截留能力(C2)	林分密度调控强度(C2-1)
			成层结构(C2-2)
	水源涵养功能(B2)	林下植被截留能力(C3)	林下植被盖度(C3)
		凋落物持水能力(C4)	枯落物厚度(C4)
		土壤持水能力(C5)	土壤厚度(C5-1)
			土壤孔隙度(C5-2)
			坡度(C5-3)
	固碳释氧功能(B3)	林龄(C6)	林龄(C6)
		乔木层地上生物量(C7)	乔木层地上生物量(C7)
		林下植被生物量(C8)	林下植被生物量(C8)
	保护生物多样性功能(B4)	丰富度(C9)	丰富度(C9)
		均匀度(C10)	均匀度(C10)
		香农—威纳指标(C11)	香农威纳指标(C11)

　　在多功能快速评价指标体系中，综合分析二类调查小班数据类别，能够准确反映林下植被情况的为林下植被种类和盖度，所以在油松人工林多功能快速评价体系中，选取林下植被种类和盖度来表征保护生物多样性功能。林下植被与其生境两者间的关系是一个动态响应的过程。林下植被盖度较大的地段，在一定程度上可以反映该区域土壤、水分等因子较为适合林下植被的生长。结合样地实测数据分析，林下植被盖度也同林下植被多样性指数呈现一定正相关关系，且为极显著，具体见指标的划分部分内容(表 10-3)。

表 10-3　太岳山油松人工林多功能快速评价指标体系

总目标层	准则层次	快速评价指标
油松人工林多功能快速评价(A)	林业产品产出功能(B1)	单位面积蓄积量(D1)
		林分密度调控强度(D2)
	水源涵养功能(B2)	胸径(D3)
		土壤厚度(D4)
		坡度(D5)
	固碳释氧功能(B3)	林龄(D6)
		叶面积指数(D7)
	保护生物多样性功能(B4)	林下植被种类(D8)
		林下植被盖度(D9)

第二节　评价指标权重及等级划分

一、评价指标权重赋值

现阶段，在评价方面的相关研究，用于确定指标权重通常采用的方式有 AHp 层次分析法、主成分分析法和灰色关联法等，根据研究特点，本文采用 AHp 层次分析方法，对体系内各项指标权重进行确定。

本研究中共邀请了北京林业大学、四川省林业科学研究院、浙江农林大学、天津理工大学、中国科学院植物研究所和中国林业科学研究院 6 个单位，12 名专家组成专家评审组（其中教授 6 名、副教授 4 名、副研究员 2 名；涉及森林生态、森林培育、景观生态、干扰生态、森林土壤等 10 个专业领域），主要负责对本研究中评价体系的构建评审和指标打分等内容。

现以其中一位专家对指标的打分为例，进行说明，其余矩阵略。根据专家打分表得出专家打分矩阵。经由 matlab 软件计算，各矩阵最大特征根为 λ_{max}，一致性检验值为 CR，特征向量为 Wi，即为各项指标的权重，具体见表10-4。

表10-4　专家打分矩阵

A	B1	B2	B3	B4	Wi
B1	1.0000	0.1111	0.2000	0.1429	0.0409
B2	9.0000	1.0000	7.0000	5.0000	0.6394
B3	5.0000	0.1429	1.0000	1.0000	0.1436
B4	7.0000	0.2000	1.0000	1.0000	0.1761

CR：0.0967，λ_{max}：4.2583

B2	C2	C3	C4	C5	Wi
C2	1.0000	5.0000	3.0000	3.0000	0.5246
C3	0.2000	1.0000	0.3333	1.0000	0.1090
C4	0.3333	3.0000	1.0000	1.0000	0.2082
C5	0.3333	1.0000	1.0000	1.0000	0.1582

CR：0.0436，λ_{max}：4.1164

B3	C6	C7	C8	Wi
C6	1.0000	0.3330	1.0000	0.1790
C7	3.0000	1.0000	7.0000	0.6851
C8	1.0000	0.1429	1.0000	0.1360

CR：0.0784，λ_{max}：3.0816

B4	C9	C10	C11	Wi
C9	1.0000	3.0000	0.1429	0.1549
C10	0.3333	1.0000	0.1111	0.0685
C11	7.0000	9.0000	1.0000	0.7766

CR：0.0790，λ_{max}：3.0821

　　各得分矩阵 $CR<0.1$，说明该矩阵有较好的一致性，打分矩阵有效。通过一致性检验，专家组打分全部有效。利用研究方法中指标权重的计算方法，得出太岳山国有林管理局油松人工林多功能评价指标权重，见表 10-5 和表 10-6。在本书研究中，评价体系中各指标最终权重值为专家组得出的平均值。

表 10-5　太岳山油松人工林多功能常规评价指标权重

总目标层	准则层次	功能权重	常规评价指标层	分层权重	常规评价指标	指标权重
油松人工林多能评价（A）	林业产品产出功能（B1）	0.0466	木材输出能力（C1）	1.0000	单位面积蓄积量	0.0466
	水源涵养功能（B2）	0.6295	林冠截留能力（C2）	0.5135	林分密度调控强度	0.2430
					成层结构	0.0810
			林下植被截留能力（C3）	0.0938	林下植被盖度	0.0587
			凋落物持水能力（C4）	0.2638	枯落物厚度	0.1657
					土壤厚度	0.0389
			土壤持水能力（C5）	0.1289	土壤孔隙度	0.0338
					坡度	0.0086
	固碳释氧功能（B3）		林龄（C6）	0.1152	林龄	0.0191

（续）

总目标层	准则层次	功能权重	常规评价指标层	分层权重	常规评价指标	指标权重
油松人工林多能评价（A）	0.1744		乔木层地上生物量（C7）	0.7107	乔木层地上生物量	0.1243
			林下植被生物量（C8）	0.1741	林下植被生物量	0.0309
			丰富度（C9）	0.3137	丰富度	0.0389
			均匀度（C10）	0.0951	均匀度	0.0147
	保护生物多样性功能（B4）	0.1495	香农—威纳指标（C11）	0.5912	香农威纳指标	0.0959

表 10-6　太岳山油松人工林多功能快速评价指标权重

总目标层	准则层次	功能权重	快速评价指标	分层权重	指标权重
油松人工林多功能快速评价（A）	林业产品产出功能（B1）	0.0466	单位面积蓄积量（D1）	1	0.0466
	水源涵养功能（B2）	0.6295	密度调控强度（D2）	0.4836	0.3026
			胸径（D3）	0.1298	0.0813
			土壤厚度（D4）	0.2499	0.1594
			坡度（D5）	0.1367	0.0862
	固碳释氧功能（B3）	0.1744	林龄（D6）	0.1667	0.0305
			叶面积指数（D7）	0.8333	0.1439
	保护生物多样性功能（B4）	0.1495	林下植被种类（D8）	0.7222	0.1072
			林下植被盖度（D9）	0.2778	0.0423

二、评价指标等级划分

指标等级划分精确性直接影响着评价结果的准确程度，在指标等级的划分中主要采用的方式有，参照权威性的文件、学者公认的研究成果和依据事物客观规律特点划分等方法。正态等距划分是指标等级划分中使用频率较高的一种方法，得到了诸多学者的认可，本书研究中在常规体系中涉及 14 项指标，快速评价中涉及 9 项指标，主要依照正态等距划分方法对应指标项的等级划分，其余指标参考相关研究进行划分，同时结合太岳山国有林管理局油松人工林生长、结构特征及专家组意见对所划分等级进行适度的调整与完善，以增强指标等级的实用性和客观性。

对指标的实地测定数据进行正态分布检验，具体见表 10-7。各指标正态分布特征值，见表 10-8。指标频数分布，如图 10-1。

表 10-7　各指标正态分布非参数检验

正态检验特征值		评价指标					
		C1	C3	C4	C5-3	C7	C8
N		42	42	42	42	42	42
极具差异	绝对	0.119	0.094	0.076	0.111	0.132	0.15
	正	0.119	0.082	0.076	0.111	0.132	0.15
	负	-0.077	-0.094	-0.066	-0.084	-0.07	-0.078
Kolmogorov-Smirnov Z		0.769	0.609	0.491	0.719	0.852	0.97
双尾检验概率(2-tailed)		0.595	0.853	0.969	0.68	0.462	0.303
		C9	C10	C11	D3	D7	
N		42	42	42	42	42	
极具差异	绝对	0.087	0.127	0.127	0.168	0.091	
	正	0.077	0.074	0.074	0.168	0.091	
	负	-0.087	-0.127	-0.127	-0.117	-0.078	
Kolmogorov-Smirnov Z		0.562	0.82	0.82	1.086	0.589	
双尾检验概率(2-tailed)		0.91	0.511	0.511	0.189	0.878	

其中 C1 为平均蓄积量(m^3/hm^2)，C3 为林下植被盖度(%)，C4 为枯落物厚度(cm)，C5-3 为坡度(°)，C7 为乔木层地上生物量(t/hm^2)，C8 为林下植被生物量(t/hm^2)，C9 为林下植被丰富度，C10 为林下植被 Pielou 均匀度，C11 为香农—威尔指数(Shannon-Wiener)，D3 为林分平均胸径(cm)，D7 为叶面积指数(LAI)

表 10-8　各指标正态分布特征值

正态分布特征值		评价指标					
		C1	C3	C4	C5-3	C7	C8
N	有效	42	42	42	42	42	42
	缺失	0	0	0	0	0	0
平均值		74.321	55.03	6.05	24.31	94.5664	0.8835
标准误		5.409	3.37	0.43	0.76	4.4904	0.0676
标准差		35.057	21.83	2.82	4.926	29.1011	0.4379
方差		1228.959	476.66	7.94	24.268	846.875	0.192
偏度系数		0.651	-0.349	0.401	-0.064	0.677	0.759
偏度标准差		0.365	0.365	0.365	0.365	0.365	0.365
峰度系数		-0.257	-0.485	0.19	0.341	0.067	0.423
峰度标准差		0.717	0.717	0.717	0.717	0.717	0.717
范围		131.46	85.7	13.2	23	124.3401	2.0132
最小值		24.38	9.3	1	11	40.3818	0.1527
最大值		155.83	95	14.2	34	164.7219	2.1659
百分位数	5	28.36	14.68	1.71	15.45	54.29	0.27
	95	147.39	89.94	10.48	33	156.34	1.72

（续）

正态分布特征值		评价指标				
		C9	C10	C11	D3	D7
N	有效	42	42	42	42	42
	缺失	0	0	0	0	0
平均值		13.52	0.66	2.67	10.64	3.012
标准误		0.71	0.02	0.09	0.53	0.115
标准差		4.58	0.15	0.61	3.45	0.744
方差		20.938	0.023	0.378	11.887	0.553
偏度系数		0.009	-0.294	-0.294	0.144	0.679
偏度标准差		0.365	0.365	0.365	0.365	0.365
峰度系数		-0.534	-0.467	-0.467	-1.389	0.291
峰度标准差		0.717	0.717	0.717	0.717	0.717
范围		19	0.694	2.79	11.21	3.17
最小值		5	0.306	1.23	5.88	1.91
最大值		24	1	4.017	17.09	5.08
百分位数	5	5.15	0.41	1.63	6.02	2
	95	21.55	0.86	3.46	15.88	4.56

其中 C1 为平均蓄积量（m³/hm²），C3 为林下植被盖度（%），C4 为枯落物厚度（cm），C5-3 为坡度（°），C7 为乔木层地上生物量（t/hm²），C8 为林下植被生物量（t/hm²），C9 为林下植被丰富度，C10 为林下植被 Pielou 均匀度，C11 为香农—威尔指数（Shannon-Wiener），D3 为林分平均胸径（cm），D7 为叶面积指数（LAI）

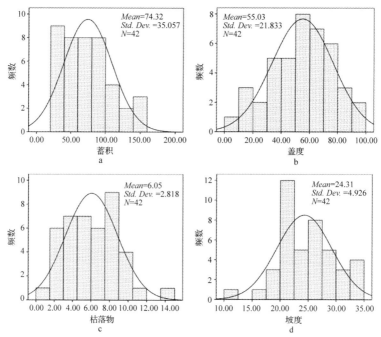

图 10-1 太岳山油松人工林多功能评价指标频率分布（一）

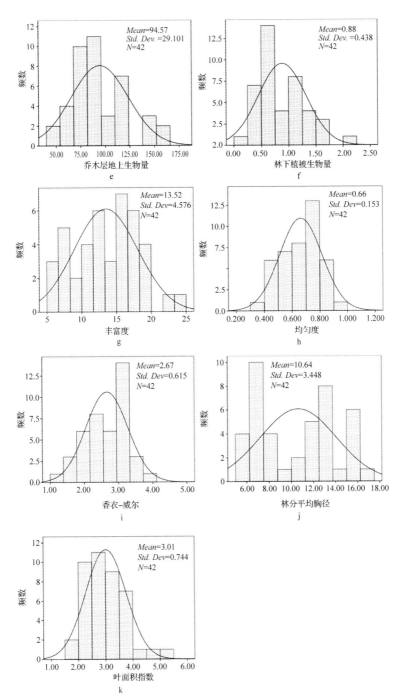

图 10-1　太岳山油松人工林多功能评价指标频率分布（二）

(一)常规评价体系指标等级划分

1. B1 林业产品产出功能

林分平均蓄积量指标(C1)的划分。本研究选用林分平均蓄积量,作为木材输出能力的表征。根据太岳山国有林管理局官方统计数据,太岳山国有林管理局经营总面积为 1.7×10^5 hm²,其中有林地面积为 1.3×10^5 hm²,疏林地 8.0×10^3 hm²,灌木林地 2.0×10^4 hm²,未成林造林地 6.0×10^3 hm²,宜林地 2.7×10^3 hm²,非林地 1.5×10^3 hm²。活立木总蓄积量 7.118×10^6 m³,森林覆盖率76.6%,主要树种有油松、辽东栎、桦树、落叶松等。森林活立木平均蓄积量为54.715 m³/hm²,油松人工林蓄积平均为54.598 m³/hm²;全国平均森林蓄积量为85.880 m³/hm²;可知,很大程度上低于全国平均森林蓄积水平。由图 10-1(a)和表 10-7、表 10-8 知,样地的林分平均蓄积量服从正态分布。样本获取数为 42例,无缺失。非参数检验值为 0.769,显著水平为 0.595,p_5 为 28.36,p_{95} 为147.39;样本分布范围为 24.380~155.830 m³,样本均值为 74.321 m³,标准差为 35.057。以样地调查数据为基础,结合太岳山国有林管理局油松人工小班数据和专家组意见,本研究将林分平均蓄积量,划分为 5 个区间等级,即:25 m³,25~50 m³,50~75 m³,75~100 m³,100 m³。具体划分标准,见表 10-13。

2. B2 水源涵养功能

林分密度调控强度指标(C2-1)的划分。通过样地对林分密度调控强度的测定,样地密度调控强度数值非参数正态数值为 0.616,显著度数值为 0.842,说明所选样本的密度调控强度是服从正态分布的,但是由于客观试验条件限制,密度调控强度样本数值跨度没有达到预期的[0~1]区间。本文中参考杜晓军等(2003)在研究辽西地区油松林水土保持效益过程中密度调控强度的划分标准,对林分密度调控强度进行指标划分,将林分密度调控强度在[0~1]区间上,划分为5 级标准。林分垂直结构指标(C2-2)的划分,依据相关研究成果,本文将林分垂直结构指标划分为 3 个等级:具有乔木、灌木和草本层完整结构;乔木、灌木层或乔木草本层不完整结构;只有乔木层。具体划分标准,见表 10-13。

林下植被盖度指标(C3)的划分。由图 10-1(b)和表 10-7、表 10-8 知,样地的林下植被总盖度服从正态分布。样本获取数为 42 例,无缺失。非参数检验值为 0.609,显著水平为 0.853,p_5 为 14.68,p_{95} 为 89.94;样本分布范围为 9.3~95.0%,样本均值为 55.03%,标准差为 21.83。结合太岳山国有林管理局油松人工林小班数据,本书研究将林分平均胸径该指标在 0%~90% 水平上,划分为 5个等级。

枯落物厚度指标(C4)的划分。由图 10-1(c)和表 10-7、表 10-8 知,样地的林下枯落物厚度服从正态分布。样本获取数为 42 例, 无缺失。非参数检验值为 0.491, 显著水平为 0.969, p_5 为 1.71, p_{95} 为 10.48;样本分布范围为 1.0~14.2 cm, 样本均值为 6.1 cm, 标准差为 2.8。结合太岳山国有林管理局油松人工林小班数据, 本研究将林分平均胸径该指标在 1~14 cm 水平上, 划分为 5 个等级。

土壤厚度指标(C5-1)的划分。根据太岳山国有林管理局小班数据构成情况, 在样地调查过程中主要是划分为 3 个层次, 即: <30 cm、30~60 cm、≥60 cm 3 个层次, 所以根据小班数据中土壤厚度数据特征, 本研究采将林分土壤厚度这一指标划分为 3 级标准, 使标准具有更好的实用性和针对性;在本研究中共取 126 个土壤样本, 进行土壤物理性质的测定, 经过测定得出, 在该研究地区的土壤容重为 1.12, 标准差为 0.10;土壤孔隙度为 47.23, 标准差为 3.23;土壤有机质含量(0~10 cm)为 1.65, 标准差为 0.18, 土壤有机质含量(10~20 cm)为 1.34, 标准差值为 0.20。由土壤容重、孔隙度和有机质含量测定数值可以看出, 在研究区域内的土壤理化差异性较小, 所以在本研究中土壤孔隙度指标(C5-2), 统一得分赋值为 3 分。林地坡度指标(C5-3)的划分。由图 10-1(d)和表 10-7、表 10-8 知, 样地的坡度值服从正态分布。样本获取数为 42 例, 无缺失。非参数检验值为 0.719, 显著水平为 0.680;样本分布范围约为 11°~34°, 样本均值为 24, 标准差为 4.93。结合太岳山国有林管理局油松人工林小班数据与相关文献研究, 本研究中将样地坡度划分为 5 级标准, 近似平地(<5°), 缓坡(5°~15°), 斜坡(15°~25°), 陡坡(25°~35°), 急坡(≥35°)。具体划分标准, 见表 10-13。

3. B3 固碳释氧功能

林龄指标(C6)的划分。根据《国家森林资源连续清查技术规定》对北方油松人工林龄级划分内容, 本书研究中将研究区域的油松人工林划分为幼龄林(a≤20)、中龄林(20<a≤30)、近熟林(30<a≤40)、成熟林(40<a≤60)和过熟林(60<a), 共 5 个龄组, 龄阶为 10a。根据王伟等对华北地区油松人工林生长特征分析(王伟等, 2012)和孙继超对太岳山国有林管理局油松人工林生产力的研究(孙继超, 2011), 油松人工材积连年生长最高时期为 25~35a 之间, 林分胸径也在这个时段内保持较高的连年增长, 结合《国家森林资源连续清查技术规定》对北方油松人工林的龄组划分标准和专家组意见, 本文将 25~35a 间油松人工林划分为固碳释氧能力最佳时段, 具体见表 10-13。

乔木层地上生物量指标(C7)的划分。在野外林分调查过程中, 林分中林木高度往往较难测量, 并且所获数据精度不高。相对于林木高度, 林木胸径可以通过每木检尺较容易获取高精度数据, 所以在本研究中选取胸径(DBH)和生物量(W)进行生物量方程的拟合。方华等在其研究总探讨了林分生物量模型所选取参数对模型的精度影响, 结果表明林分胸径单因子能很好地支持林分生物量的模拟，并且降低了数据获取的难度，效果较为理想（方华等，2003）。经利用 EX-CEL 和 SPSS 软件对数据分析知，胸径和标准木地上部分生物量拟合理想，如图 10-2 及模型特征值见表 10-9。

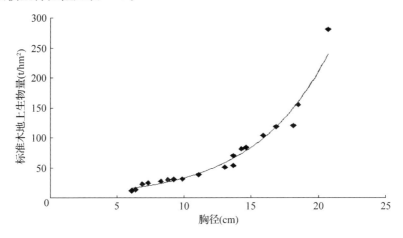

图 10-2　标准木地上生物量与胸径

结合图 10-2 及表 10-9，油松单株胸径（DBH）与地上生物量（W）模型可拟合为 $W = 5.265e^{0.184D}$，结合模型特征值和方差检验表知，相关系数平方（R^2）为 0.967，方程拟合程度达到极显著，说明胸径和其地上生物量存在着较好的指数关系。随着林木胸径的增加，单株林木生物量呈现上升的趋势；在胸径 15cm 之前，标准木地上生物量上升趋势相对缓慢；从 15cm 之后，标准木地上生物量上升较为迅速。结合各样地每木检尺所获得的胸径数据，进而获得林分乔木层地上单位面积生物量。由图 10-1（e）和表 10-6、表 10-7 知，样地乔木层地上生物量服从正态分布。样本获取数为 42 例，无缺失。非参数检验值为 0.852，显著水平为 0.462，p_5 为 54.29，p_{95} 为 156.34；样本分布范围为 40.3818 ~ 164.7219 t/hm²，样本均值为 94.5664 t/hm²，标准差为 29.1011。结合太岳山国有林管理局油松人工林林分结构特征和专家组意见，本文将乔木层地上生物量指标下限值适度降低，划分为 5 个区间等级，具体见表 10-13。

表 10-9　标准木生物量与胸径模型特征值

类别	模型函数	R 值	R^2 值	调整 R^2 值	标准估计误差	F 值	显著度
标准木生物量与胸径	$W = 5.265e^{0.184D}$	0.983	0.967	0.965	0.157	502.014	＊＊（极显著）

　W 为标准木生物量，D 为标准木胸径

林下植被生物量指标（C8）的划分。由图 10-1（f）和表 10-6、表 10-7 知，样地林下植被生物量服从正态分布。样本获取数为 42 例，无缺失。非参数检验值为 0.970，显著水平为 0.303，p_5 为 0.27，p_{95} 为 1.72；样本分布范围为 0.1527～2.1659 t/hm²，样本均值为 0.8835 t/hm²，标准差为 0.4379。本研究将该指标在 0～2 t/hm² 水平上，划分为 5 个区间等级。草本主要分布于莎草科（Cyperaceae），菊科（Compositae），禾本科（Gramineae）等；灌木主要分布于豆科（Leguminosae），蔷薇科（Rosaceae），木兰科（Magnoliaceae）等。林下植被生物量分布格局：林下草本层生物量总体分布范围为 0.2511～1.6768t/hm²，其中地上生物量约占 59.3%，地下生物量约占 40.7%，地上生物量＞地下生物量；林下灌木层生物量分布范围为 0.0181～0.4891 t/hm²，其中灌木叶生物量约占 21.6%，茎生物量约占 22.9%，根生物量约为 55.5%，地下生物量＞地上生物量。

（4）B4 生物多样性保护功能。林下植被丰富度指标（C9）的划分。由图 10-1（g）和表 10-7、表 10-8 知，样地林下植被丰富度服从正态分布。样本获取数为 42 例，无缺失。非参数检验值为 0.562，显著水平为 0.910，p_5 为 5.15，p_{95} 为 21.55；样本分布范围为 5～24，样本均值为 13.52，标准差为 4.58。结合小班数据，将该指标在 0～24 水平上，划分为 5 个等级。

均匀度指标（C10）的划分。由图 10-1（h）和表 10-7、表 10-8 知，样地的林下植被均匀度服从正态分布。样本获取数为 42 例，无缺失。非参数检验值为 0.820，显著水平为 0.511，p_5 为 0.41，p_{95} 为 0.86；样本分布范围为 0.306～1，样本均值为 0.664，标准差为 0.153。结合相关研究，本研究将该指标在 0～1 水平上，划分为 5 个等级。

多样性指数（Shannon-Wiener，C11）指标划分。由图 10-1（i）和表 10-7、表 10-8 知，样地的林下植被多样性指数从正态分布。样本获取数为 42 例，无缺失。非参数检验值为 0.820，显著水平为 0.511，p_5 为 1.63，p_{95} 为 3.46；样本分布范围为 1.230～4.017，样本均值为 2.666，标准差为 0.615。结合相关研究，本研究将该指数指标在 0～5 水平上，划分为 5 个等级。

（二）快速评价指标等级划分

1. B1 林产品输出功能

林分平均蓄积量指标（D1）的划分，同常规体系（C1）指标划分标准。

2. B2 水源涵养功能

林分密度调控强度指标（D2）的划分，同常规体系（C2-1）指标划分标准。林分平均胸径（D3），由图 10-1（j）和表 10-6、表 10-7 知，42 块样地的林分平均胸径服从正态分布。样本获取数为 42 例，无缺失。非参数检验值为 1.086，显著水平为 0.189，p_5 为 6.02，p_{95} 为 15.88；样本分布范围为 5.88~17.09cm，样本均值为 10.64cm，标准差为 3.45。结合小班数据和油松树种生长特性，本研究将林分平均胸径该指标上限和下限阀值适度放宽，将该指标划分为 5 个区间等级。林分土壤厚度（D4）同常规体系中（C5-1）指标划分标准。林地坡度（D5）同常规体系中林地坡度（C5-3）指标划分标准。具体划分标准，见表 10-14。

3. B3 固碳释氧功能

林龄指标（D6）的划分，同常规体系（C6）指标划分标准。叶面积指数（LAI，D7）指标的划分，由图 10-1（k）和表 10-7、表 10-8 知，样地林分叶面积指数服从正态分布。样本获取数为 42 例，无缺失。非参数检验值为 0.589，显著水平为 0.878，p_5 为 2.00，p_{95} 为 4.56；样本分布范围为 1.910~5.080，样本均值为 3.013，标准差为 0.744。本书研究将叶面积指数该指标在 1~5 水平上，划分为 5 个区间等级。

在本书研究中，样地叶面积指数使用冠层分析仪器测定，由于太岳山国有林管理局油松人工林小班分布散、位置偏和数量多，这些因素都增加了实地测量的难度。根据太岳山国有林管理局经营方案，油松人工林在造林初期林分密度较大，通常在 5000~7000 株/hm²，随着林分的生长，逐步对林分进行抚育、择伐等措施，保证林分的健康。本研究区域内，幼龄林的林分密度要明显大于其他林龄的林分，随着林分由幼龄林向过熟林过度，林分密度下降趋势逐步放缓，最终趋于平缓。油松林分在经历了茎速生期和材积累积生长期后，林分的生长处于相对滞缓状态，林分生长所需空间相对趋于稳态。另外，在林分内部，由于树木对林内生长空间及光水条件的竞争，也会出现林分密度同林分平均胸径呈现负相关关系。研究区域内油松人工林达中龄林后，林分密度变化幅度降低，达近成熟林后林分密度区域相对稳定的状态。这与样地调查和小班资料情况一致。通过对林分密度、胸径和叶面积指数的测定与分析，林分的平均胸径同林分密度呈现负幂函数关系，随着林分密度的增加林分平均胸径呈现下降的趋势。而林分叶面积指数与林分密度呈现显著的正相关，随着林分密度的增大而林分叶面积指数呈现上升的趋势，最终将趋于平缓，这与林分生长的实际情况相符。林分平均胸径与林分叶面积指数呈现负相关关系，主要是受到林分密度的影响，见表 10-10。结合油松人工林小班特征和专家组意见，本研究对油松人工林小班叶面积指数进行区段得分赋值，见表 10-11。

表 10-10　林分密度、叶面积指数与林分平均胸径模型参数

类别	模型函数	R 值	R^2 值	调整 R^2 值	估计标准误	F 值	显著度
$D_{胸径}$ 与 $D_{密度}$	$D_{胸径} = 1545.1 D_{密度} - 0.643$	0.925	0.855	0.852	0.135	236.589	＊＊（极显著）
$D_{密度}$ 与 LAI	$LAI_{幼} = 0.709\ln(D_{密度}) - 2.401$	0.9	0.81	0.772	0.115	21.326	＊＊（极显著）
	$LAI_{中,近} = 1.913\ln(D_{密度}) - 11.81$	0.88	0.775	0.729	0.265	17.137	＊＊（极显著）
$D_{胸径}$ 与 LAI	$LAI = 8.445 D_{胸径} - 0.423$	0.872	0.761	0.755	0.081	120.983	＊＊（极显著）

表 10-11　叶面积指数赋值标准

类别	幼龄林	中龄林	近熟林	成熟林	过熟林
林龄	$a < 10$	$10 < a < 15$	$15 < a \leq 20$	$20 < a \leq 40$	$a > 40$
株密（株/hm²）	5000～7000	2500～5000		1500～2500	
得分（S）	1	2	3	依据函数划分	3

4. B4 生物多样性保护功能

林下植被总盖度（D8）指标的划分，根据。样地所取调查和统计数据，对林下植被盖度和林下植被的丰富度和多样性指数进行分析。由表 10-12 知，林下植被盖度与林下植被种类，呈现正相关关系，两者间相关系数 R 为 0.719；林下植被盖度与林下植被多样性之间呈现正相关关系，两者间相关系数 R 为 0.573，显著度达到极显著。综合上述，林下盖度与植被幅度和多样性呈现正相关关系，虽然两者间数值关系 R 未能达到理想数值，但关系呈现极显著。再由于在小班调查数据中，能较准确反映林下植被生长及分布情况的指标为林下植被盖度和林下植被种类数，所以在本书中选取这两项指标作为生物多样性保护功能的表征。林下植被丰富度指标（D8）划分同常规评价体系（C9）指标划分标准。林下植被盖度指标（D9）指标划分同常规体系（C3）指标划分标准。

表 10-12　林下植被丰富度、生物多样性与盖度模型参数

类别	R 值	R^2 值	调整 R^2 值	标准估计误差	F 值	显著度
林下植被盖度与丰富度	0.719	0.516	0.503	3.033	39.496	＊＊（极显著）
林下植被盖度与生物多样性	0.573	0.329	0.311	0.469	18.62	＊＊（极显著）

$n = 42$

（三）评价指标等级

1. 常规评价体系

综合多功能常规评价指标划分标准，得出多功能常规评价指标等级划分标准，见表 10-13。其中 C1 为平均蓄积量（m³/hm²），C2-1 为密度调控强度（%），

C2-2 为林分垂直结构，C3 为林下植被总盖度(%)，C4 为枯落物厚度(cm)，C5-1为土壤厚度(cm)，C5-3为坡度(°)，C6 为林龄(a)，C7 为乔木层地上生物量(m^3/hm^2)，C8 为林下植被生物量(m^3/hm^2)，C9 为林下植被丰富度，C10 为林下植被 Pielou 均匀度，C11 为香农—威尔指数(Shannon-Wiener)。

表 10-13　太岳山油松人工林常规评价指标等级划分标准

得分(S)	指标						
	C1	C2-1	C2-2	C3	C4	C5-1	C5-3
1	<25	<20	1	<10	<3.0	<30	≥35
2	[25~50)	[20~40)	—	[10~30)	[3.0~6.0)	—	[25~35)
3	[50~75)	[40~60)	2	[30~50)	[6.0~9.0)	[30~60)	[15~25)
4	[75~100)	[60~80)	—	[50~70)	[9.0~12.0)	—	[5~15)
5	≥100	≥80	3	≥70	≥12.0	≥60	<5
	C6		C7	C8	C9	C10	C11
1	(1~10]；≥60		<35	<0.4	<5	<0.2	<1
2	(10~15]；[50~60)		[35~70)	[0.4~0.8)	[5~10)	[0.2~0.4)	[1~2)
3	(15~20]；[40~50)		[70~105)	[0.8~1.2)	[10~15)	[0.4~0.6)	[2~3)
4	(20~25]；[35~40)		[105~140)	[1.2~1.6)	[15~20)	[0.6~0.8)	[3~4)
5	(25~35)		≥140	≥1.6	≥20	0.8	≥4

2. 快速评价体系

结合多功能常规指标体系及新增指标等级划分标准，得出多功能快速评价指标等级划分标准，见表 10-14。其中，D1 为平均蓄积量(m^3/hm^2)，D2 为密度调控强度(%)，D3 为林分平均胸径(cm)，D4 为土壤厚度(cm)，D5 为坡度(°)，D6 为林龄(a)，D7 为叶面积指数(LAI)，D8 林下植被丰富度，D9 为林下植被总盖度(%)。

表 10-14　太岳山油松人工林多功能快速评价指标等级划分标准

得分(S)	D1	D2	D3	D4	D5	D6	D7	D8	D9
1	<25	<20	<5.0	<30	≥35	(1~10]；≥60	<2	<5	<10
2	[25~50)	[20~40)	[5.0~10)	—	[25~35)	(10~15]；[50~60)	[2~3)	[5~10)	[10~30)
3	[50~75)	[40~60)	[10.0~15.0)	30~60	[15~25)	(15~20]；[40~50)	[3~4)	[10~15)	[30~50)
4	[75~100)	[60~80)	[15.0~20.0)	—	[5~15)	(20~25]；[35~40)	[4~5)	[15~20)	[50~70)
5	≥100	≥80	≥20.0	≥60	<5	(25~35)	≥5	≥20	≥70

3. 功能等级评价标准

根据评价体系各指标等级划分标准，按照正态等距划分和灰目标白化处理原则，本研究多功能发挥水平划分为高效、中效和低效 3 级，并结合指标得分，分别赋值为 4 分、3 分和 2 分，再以两级间临界值进行划分，在 1~5 分水平上得出 5 级等级标准，具体见表 10-15。

表 10-15 太岳山油松人工林功能项得分等级划分标准

多功能发挥水平得分标准	高效	较高效	中等	较低效	低效
林业产品产出功能	5	4	3	2	1
水源涵养功能	≥4	3.5~4	2.5~3.5	2~2.5	<2
固碳释氧功能	≥4	3.5~4	2.5~3.5	2~2.5	<2
生物多样性保护功能	≥4	3.5~4	2.5~3.5	2~2.5	<2
多功能	≥4	3.5~4	2.5~3.5	2~2.5	<2

第三节 油松人工林多功能评价

一、油松人工林小班分布

依据太岳山国有林管理局辖区分布范围，本研究中共统计了安泽县（包含 35507 个小班）、古县（包含 8161 个小班）、洪洞县（包含 25319 个小班）、霍州市（包含 8769 个小班）、介休市（包含 14071 个小班）、灵石县（包含 35536 个小班）、平遥县（包含 27226 个小班）、沁县（包含 24944 个小班）、沁源县（包含 38153 个小班）和屯留县（包含 21336 个小班），共计 239022 个小班资料。从全部小班资料中，进一步筛选出了太岳山国有林管理局油松人工林小班在林场尺度上的分布情况和数目，马西林场（包含 518 个小班）、王陶林场（包含 269 个小班）、龙泉林场（包含 156 个小班）、侯神岭林场（包含 107 个小班）、绵山保护区（包含 74 个小班）、伏牛山林场（包含 71 个小班）石膏山林场（包含 64 个小班）、马泉林场（包含 58 个小班）、赤石桥林场（包含 55 个小班）、好地方林场（包含 35 个小班）、灵空山林场（包含 35 个小班）、兴唐寺林场（包含 31 个小班）、将台林场（包含 26 个小班）、龙门口林场（包含 25 个小班）、七里峪林场（包含 17 个小班）、北平林场（包含 14 个小班）、绵山林场（包含 9 个小班）、大南坪林场（包含 7 个小班）、灵空山保护区（包含 6 个小班）、青岗坪林场（包含 2 个小班）、介庙林场（包含 1 个小班），在数据的统计中未包含霍山保护区与小涧峪林场的资料。通过小班资料的筛选与汇总共有 1580 个油松人工林小班纳入本书评价范畴，具体见表 10-16。

表 10-16　太岳山国有林管理局油松人工林小班分布

林场	小班个数	林场	小班个数
马西林场	518	兴唐寺林场	31
王陶林场	269	将台林场	26
龙泉林场	156	龙门口林场	25
侯神岭林场	107	七里峪林场	17
绵山保护区	74	北平林场	14
伏牛山林场	71	绵山林场	9
石膏山林场	64	大南坪林场	7
马泉林场	58	灵空山保护区	6
赤石桥林场	55	青岗坪林场	2
好地方林场	35	介庙林场	1
灵空山林场	35		

二、面向林场多功能评价

文中共收集了太岳山国有林管理局管辖的 21 个单位(未包括小涧峪林场、霍山自然保护区),基本涵盖了太岳山国有林管理局的全部范围,各单位小班尺度油松人工林多功能发挥水平情况,具体如图 10-3 至图 10-6。太岳山国有林管理局油松人工林整体多功能发挥水平见图 10-7。

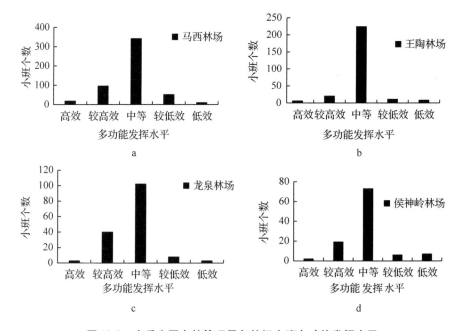

图 10-3　太岳山国有林管理局各林场小班多功能发挥水平

由图 10-3(a)知，在马西林场中，油松人工林多功能发挥水平高效的小班占 3.5%，多功能发挥较高效的小班占 18.5%，多功能发挥中等的小班占 66.0%，多功能发挥较低效的小班占 10.0%，多功能发挥低效的小班占 1.9%。

由图 10-3(b)知，在王陶林场中，油松人工林多功能发挥水平高效的小班占 2.2%，多功能发挥较高效的小班占 7.4%，多功能发挥中等的小班占 83.3%，多功能发挥较低效的小班占 4.1%，多功能发挥低效的小班占 3.0%。

由图 10-3(c)知，在龙泉林场中，油松人工林多功能发挥水平高效的小班占 1.9%，多功能发挥较高效的小班占 25.6%，多功能发挥中等的小班占 65.4%，多功能发挥较低效的小班占 5.1%，多功能发挥低效的小班占 1.9%。

由图 10-3(d)知，在候神岭林场中，油松人工林多功能发挥水平高效的小班占 1.9%，多功能发挥较高效的小班占 17.8%，多功能发挥中等的小班占 68.2%，多功能发挥较低效的小班占 5.6%，多功能发挥低效的小班占 6.5%。

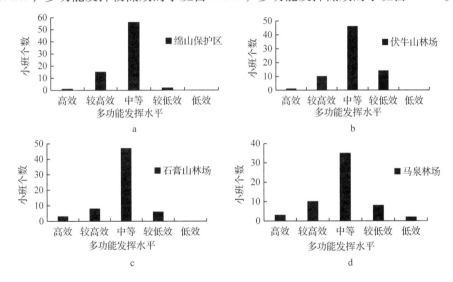

图 10-4　太岳山国有林管理局各林场小班多功能发挥水平

由图 10-4(a)知，在绵山自然保护区中，油松人工林多功能发挥水平高效的小班占 1.4%，多功能发挥较高效的小班占 20.3%，多功能发挥中等的小班占 75.7%，多功能发挥较低效的小班占 2.7%。

由图 10-4(b)知，在伏牛山林场中，油松人工林多功能发挥水平高效的小班占 1.4%，多功能发挥较高效的小班占 14.1%，多功能发挥中等的小班占 64.8%，多功能发挥较低效的小班占 19.7%。

由图 10-4(c)知，在石膏山林场中，油松人工林多功能发挥水平高效的小占 4.7%，多功能发挥较高效的小班占 12.5%，多功能发挥中等的小班占 73.4%，多功能发挥较低效的小班占 9.4%。

由图 10-4(d)知，在马泉林场中，油松人工林多功能发挥水平高效的小班占 5.2%，多功能发挥较高效的小班占 17.3%，多功能发挥中等的小班占 60.3%，多功能发挥较低效的小班占 13.8%，多功能发挥低效的小班占 3.4%。

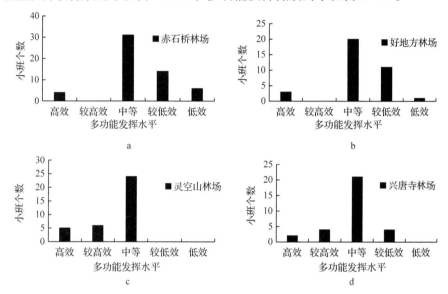

图 10-5　太岳山国有林管理局各林场小班多功能发挥水平

由图 10-5(a)知，在赤石桥林场中，多功能发挥较高效的小班占 7.3%，多功能发挥中等的小班占 56.4%，多功能发挥较低效的小班占 25.5%，多功能发挥低效的小班占 10.9%。

由图 10-5(b)知，在高好方林场中，多功能发挥较高效的小班占 8.6%，多功能发挥中等的小班占 57.1%，多功能发挥较低效的小班占 31.4%，多功能发挥低效的小班占 2.9%。

由图 10-5(c)知，在灵空山林场中，油松人工林多功能发挥水平高效的小班占 14.3%，多功能发挥较高效的小班占 17.1%，多功能发挥中等的小班占 68.6%。

由图 10-5(d)知，在兴唐寺林场中，油松人工林多功能发挥水平高效的小班占 6.5%，多功能发挥较高效的小班占 12.9%，多功能发挥中等的小班占 67.7%，多功能发挥较低效的小班占 12.9%。

由图 10-6(a)知，在将台林场中，多功能发挥中等的小班占 80.8%，多功能发挥较低效的小班占7.7%，多功能发挥低效的小班占11.5%。

由图10-6(b)知，在龙门口林场中，多功能发挥较高效的小班占12.0%，多功能发挥中等的小班占68.0%，多功能发挥较低效的小班占16.0%，多功能发挥低效的小班占4.0%。

由图10-6(c)知，在七里峪林场中，油松人工林多功能发挥水平高效的小班占5.8%，多功能发挥较高效的小班占64.7%，多功能发挥中等的小班占29.4%。

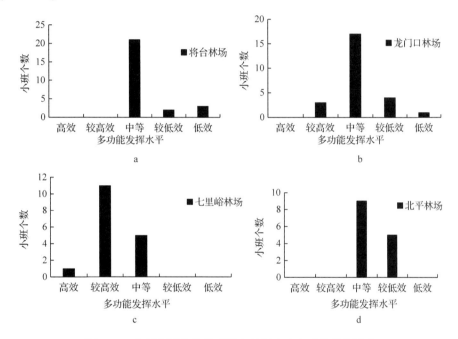

图10-6 太岳山国有林管理局各林场小班多功能发挥水平

由图10-6(d)知，在北平林场中，多功能发挥中等的小班占64.3%，多功能发挥较低效的小班占35.7%。

另外，在绵山林场中，共有油松人工林小班9个，多功能发挥较高效的小班个数为1，多功能发挥中等的小班个数为8。在介庙林场中，共有油松人工林小班1个，且多功能发挥水平较高效。在青岗坪林场中，共有油松人工林小班2个，且多功能发挥水平较低效。在大南平林场中，共有油松人工林小班7个，多功能发挥较高效的小班个数为2，多功能发挥中等的小班个数为4，多功能发挥较低效的小班个数为1。在灵空山自然保护区中，共有油松人工林小班6个，多功能发挥较高效的小班个数为3，多功能发挥中等的小班个数为3。

三、面向整体多功能评价

在太岳山国有林管理局油松人工林小班中，油松人工林多功能发挥水平高效的小班占 2.8%，多功能发挥较高效的小班占 16.2%，多功能发挥中等的小班占 68.9%，多功能发挥较低效的小班占 9.5%，多功能发挥低效的小班占 2.5%。根据评价结果知，太岳山国有林管理局油松人工林小班整体多功能发挥水平良好，具体如图 10-7。

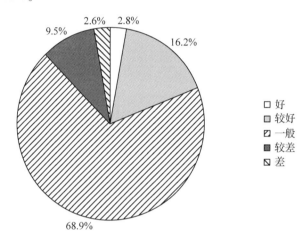

图 10-7　太岳林局油松人工林小班多功能发挥水平

在太岳山国有林管理局各单位油松人工林小班多功能发挥水平评价中，多功能发挥相对高效的单位为七里峪林场、灵空山自然保护区和灵空山林场等，多功能发挥水平高效和较高效的小班占整体比例分别为 70.6%、50% 和 31.4%；多功能发挥相对较低效的单位为赤石桥林场、北平林场和好地方林场等，多功能发挥较低效和低效的小班占整体的比例为 36.4%、35.7% 和 34.3%。其余各单位处在中等偏好的水平。在太岳山国有林管理局油松人工林小班林产品产出功能发挥水平高效、较高效、中等、较低效和低效的比例分别为 6.7%、14.8%、41.5%、23.6% 和 13.4%。水源涵养功能发挥水平高效、较高效、中等、较低效和低效的比例分别为 2.4%、23.4%、62.5%、6.38% 和 5.4%。固碳释氧功能发挥水平高效、较高效、中等、较低效和低效的比例分别为 6.4%、7.4%、63.2%、15.3% 和 7.3%。生物多样性保护功能发挥水平高效、较高效、中等、较低效和低效的比例分别为 9.1%、18.4%、47.1%、14.7% 和 10.7%。结合各功能发挥水平等级比例，太岳山国有林管理局油松人工林小班单项功能发挥水平为：水源涵养功能＞固碳释氧功能＞生物多样性保护功能＞林业产品产出功能。

以七里峪、灵空山自然保护区和灵空山林场为例，综合分析油松人工林小班多功能发挥高效的原因，在林分生境方面林分土壤厚度超过 60 cm 的小班数超过 80%，林地坡度相对平缓，均值约为 16.6°，有利于降水的下渗。在林分结构方面，这三个区域的林龄位于 16~46a 区间内，均值为 30a，是研究区域油松人工林生长较为迅速阶段；在蓄积量层面，小班的平均蓄积量已达研究区域的平均水平以上，为 70.5 m³/hm²。尤其体现在七里峪林场，根据研究地踏查情况，七里峪林场土壤肥沃，气候适宜，十分有利于油松人工林的生长，评价结果同实际情况一致。以赤石桥、北平林场和好地方林场为例，综合分析油松人工林多功能水平发挥低效的原因。在林分生境方面，林分土壤厚度小 30cm 的小班数占整体 56.8%，林地坡度相对陡峭，均值约为 25.8°，容易促进地表径流的形成；在林分结构方面，林龄小于 10a 的小班数占 26.7%，在这一林龄阶段的林分，不利于多功能的高效发挥。在部分小班中，由于株密度非常高，导致林分内生长空间降低，加大了林内植被对光水条件的竞争，导致林分质量不高，林下植被稀少，这些都严重制约着林分多功能的有效发挥。由于林龄小于 10a 的小班比重较大，这些小班的平均蓄积量只有 26 m³/hm²。

第四节　结　语

关于森林系统在"功能"层面的评价研究还处在探索阶段，由于局限于指标数据测定繁琐和时间紧等客观因素，本书对太岳山国有林管理局油松人工林小班多功能评价做了粗浅的研究与探讨，在评价指标体系构建、指标选取等环节中，还存在着一些值得商榷的问题，在今后的相关研究中，应进一步改进和完善。

（1）评价体系指标选取。在本文油松人工林多功能评价体系的构建过程中，在最初的体系中包含了 4 项功能 36 项指标，经专家组审阅，结合太岳山国有林管理局油松人工林林分结构特征，同时也考虑了各项指标测定的可操作性，对原有指标进行了精简和完善，在评价体系指标层面保留了 14 项指标，用于表征对应项功能发挥水平，尽量避免指标的重复使用，增加了各项指标的针对性。例如，在初始体系中，土壤层面包含了土壤类型和土壤容重等。但经过样地的调查及结合专家组意见，由于研究区域范围分布相对狭窄，气候条件、光照及降水条件差异性不大，致使研究地域的土壤在类型上基本是相同的，这与样地调查结果一致，结合小班资料各小班的土壤类型也是基本一致，该项指标未能很好地支持评价等级的区分，所以在本文中略去了这两项指标。虽然土壤孔隙度通过样地的实地测定，各样地间数值差异性不大，但是作为水源涵养的重要指标，本文予以保留。病虫害也是初始体系中的一项指标，经样地调查和小班资料查阅，在所研究的区域内各小班仅有 6 块有病虫害史，所设置的样地未经受病虫害，所以在本文的最终体系中略去了这项指标。

在进行的样地基本数据的采集过程中，本文利用冠层分析仪器 Winscano-py2010a 对各样地林分内部的光环境进行了测定，研究地域林分冠上辐射约为 27. 23 MJ mol/（m² · d），样地油松人工林林下辐射在测定时间区段内最小值为 4. 22 MJ mol/（m² · d），最大值为 11. 07MJ mol/（m² · d），在同等株密度条件下（2683 株/hm²）中林龄林分的消光（消光系数为 0. 59）能力约为幼林龄（消光系数为 0. 27）的 2 倍；幼龄林林分中，林下光辐射与林分密度的关系可表示为 $y = -4.87ln(D_{密度}) + 48.34$；在中龄林林分中，林下光辐射与林分密度的关系可表示为 $y = -8.02ln(D_{密度}) + 66.99$（其中，$y$ 为林下光辐射，$D_{密度}$ 为林分密度）。由于样地林内光环境与对应林下生物多样性两者间未发现显著的相关性，致使指标等级的划分不明确，所以在本研究中未包含林下光环境指标。但是林下光环境是影响林下植被种类及分布的重要指标（丁圣彦等，2005），在今后的相关研究中应该考虑这一指标的应用。

样地叶面积指数平均值约为 3. 012，比对宋子炜、王希群的研究（王希群等，2005；宋子炜等，2009），在同等条件下，本研究所测林分叶面积指数偏低。造成叶面积指数偏低的原因主要有两个方面，一是本研究选用的是冠层分析仪，是通过光学手段获取叶面积指数，在相关研究中称为有效叶面积指数，会比实际数值偏低；另一方面，在调查区域的土壤 pH 呈现偏碱性，所以不太适合林分的生长。

关于森林健康评价研究中，部分研究依据正态等距划分思想确定指标等级过程中，并未考虑研究对象在更大地域尺度上指标等级的上限和下限跨度情况，增加了评价的局限性，本书在依据正态等距划分划分标准基础上，结合油松人工林客观生长规律、相关研究成果和专家组意见，对部分指标等级划分标准进行了适度的微调，保证了指标等级划分的客观性和科学性。

（2）关于森林资源二类调查增加调查指标的建议。本文油松人工林多功能快速评价指标体系，主要是以森林资源二类调查小班数据为平台，并增加了叶面积指数指标用于评价油松人工林固碳释氧功能。但现有的小班资料中，并未包含叶面积指数内容，本研究采用资料查阅、样地指标实测建模和咨询专家等方式，对小班尺度林分叶面积指数进行了区段得分赋值，虽具有一定的合理性，但划分标准较为笼统。随着光学技术的发展，冠层分析仪的应用也呈现常态化，具有易携带、操作方便和获取数据准确等特点，利用冠层分析仪对林冠结构及林内光环境的测定，现阶段也较为普遍。因此，建议在今后的森林资源二类调查过程中，可以利用便携式冠层分析仪以机械布点或随机取点的方式对所调查的小班进行拍照，进而获得林分结构数据（林分隙数、林分开度、叶面积指数等）和林分光环境数据（冠上辐射、林下辐射、直接辐射等），可以为制定科学的营林措施提供更加丰富的基础数据支撑。

评价生物多样性保护功能时，小班数据类别中能较准确反映林下植被特征的为林下植被种类和植被盖度，所以在本研究中选取了这两项用于对生物多样性保护功能的发挥情况进行评价，在今后如实现利用冠层分析仪器对小班林分进行照片采样，那么林下光环境指标应加入评价指标体系中。

（3）评价结果及多功能经营。本文研究主要目的在于掌握太岳山国有林管理局油松人工林小班多功能发挥水平整体情况，所以评价过程中，并未按龄组继续细分，而是统一评价指标标准对研究区域内的油松人工林进行客观评价，使评价结果在整体水平层面更加客观。在相关评价文章中，部分研究依照龄组进行分类探讨，在对应龄组内区分研究对象强弱、好坏程度，使研究更加细致和深入，但是这种模式不利于从研究对象整体水平区分强弱、好坏情况，因为评价指标标准的不一致，致使各区间研究对象出现等级高低的模糊性和差异性。

通过对太岳山国有林管理局油松人工林小班多功能评价知，太岳山国有林管理局油松人工林多功能发挥水平良好，但仍然有12%的油松人工林小班多功能发挥程度低于一般水平。总结现阶段关于森林多功能经营的探讨，主要集中于3个方面：①建立林分"多功能模型"，通过模型来指导营林措施的制定。②应用生态系统经营和分类经营理念，根据林分实际各项功能发挥情况制定有针对性的措施。前两者主要体现在不同阶段林分结构的调整层面，进而影响林分各项功能的发挥。③政策上的支持，主要体现在对生态公益林的财政补贴方面，提高林区居民对生态公益林保护意识及积极性。针对太岳山国有林管理局油松人工林生长情况，本书认为在经营的过程中应采用以下模式：①封禁保护模式，林地质量低下，林地坡度陡峭（＞36°）的林分，在采伐后恢复难度很大，要重点保护，可以采取"封山禁路"及悬挂提示牌等措施。②择伐更新模式，对油松人工林过熟林分等，对于林分内生长质量不高的树种进行适当的采伐，择伐强度不宜太大，应不超过30%，进行幼苗的补植，随后实施封山育林措施。③补植保育模式，对小部分于林分生长质量不高的疏林区域，进行林分幼苗的补植，而后实施封禁，杜绝幼苗受到外界的干扰。

第十一章　油松人工林森林经营规划

第一节　经营方针与经营目标

一、经营期限

根据《森林经营方案编制与实施纲要》中的要求及马泉国有林场具体的森林经营情况，本经理期为 2014~2024 年，经理期定为 10 年。

二、经营方针

森林经营方针是国家和地方有关林业方针政策、国际森林可持续经营标准与林场场情相结合的产物，是经理期内指导林场森林经营管理和林场林业建设的行动指南。经营方针应有时代性、针对性、方向性和简明性。

中共中央国务院《关于加快林业发展的决定》确立了林业发展的指导思想，坚持三大效益相统一，生态效益优先以及"严格保护、积极发展、科学经营、持续利用林业资源"的林业发展方针，林业实施了森林分类经营的发展模式，国有林场办场方针是"以林为本、合理开发、综合经营、全面发展"。

根据林场林地分布的特定位置和当地社会、生态效益的需要，响应 FSC 原则和标准，以及生态公益型林场的实际，确定本经理期的经营方针为："以森林分类经营为指导，以保护为基础，大力加强生态公益林建设，定向培育、集约管理，以科学技术为依托，优化森林结构，提升森林质量，突出区位优势，努力提高经济收入，改善经营环境，提高森林生态为主的综合效益，实现林场可持续发展。"

三、经营目标

马泉林场是一个以森林资源保护和生态公益林建设为主的生态公益型林场，其森林经营的总体目标是：科学实施生态系统管理，提高马泉国有林场油松人工林的水源涵养、固碳释氧、生物多样性保护三项生态服务功能。本经理期主要经营目标如下：

（1）改善林分质量，使得在森林多功能快速评价中多功能发挥中等、较低效、低效的林分得到提高，将马泉林场油松人工林的水源涵养、固碳释氧、生物多样性保护三项主要的生态服务功能发挥到最大限度，使得多功能发挥高效、较高效、中等、较低效、低效的林分分配比例变为20∶30∶40∶7∶3。

（2）改善油松人工林单一结构。通过引进乡土阔叶树种，在林下更新适宜草种，生态疏伐，调整林分密度，诱导其成为复层结构，改善林内小气候条件，促进土壤肥力的恢复，维持生态系统的功能，同时保持较高的林地生产力。

（3）调整油松人工林的林龄结构。将同龄林向异龄林转化，提高幼龄林所占林分的比例、减少近熟林、成熟林、过熟林所占的比例。

四、经营原则

（一）坚持科学发展，生态、经济、社会可持续协调发展的原则。
（二）坚持生态优先，合理利用，保护与发展并重的原则。
（三）坚持尊重自然、经济规律，因地制宜与市场相结合的原则。
（四）坚持科教兴林、依法治林，实施林业分类经营的原则。

第二节　经营类型组织

一、经营类型组织依据

根据不同的林种、树种、起源、立地、培育目标、当今林业科技水平及经营森林的集约程度，以及森林水源涵养、固碳释氧、生物多样性保护三项功能发挥的情况，在小班调查的基础上组织不同的森林经营类型。结合《山西省森林资源经营管理目标体系及经营类型组织表》《山西省森林经营类型表》《太岳林局森林更新、人工造林类型表》《太岳林局立地类型表》以及《国家林业局关于科学编制森林经营方案全面推进森林可持续经营工作的通知》、国家林业局关于印发《森林经营方案编制与实施纲要》（试行）的通知的具体指标和要求确定。

二、森林经营管理区及功能区划

马泉林场的油松人工林均属沁河上游东部水源涵养林林区。

三、经营管理类型

按照马泉国有林场从林种划分上均为生态公益林（防护林），注重其生态多项服务功能的发挥，主要以水源涵养、固碳释氧、生物多样性保护三项生态服务功能的发挥为主。根据林种、林级、森林现状、经营目的、林龄等因子的考虑将马泉林场油松人工林的 138 个小班划分成较高效林、中效林、较低效林、低效林。

四、森林经营措施类型组织

林分在长期生长过程中，由于受外界的因素影响，会发生不同的变化，各宜林地段也要求不断进行更新造林，以形成某一类型的林分。诸如此类，都需要采取不同的经营手段，这也就要求针对不同经营类型拟定各生长阶段的经营措施，以便对整个龄级系列分阶段进行设计。针对生态公益林经营类型配套科学、合理的经营措施类型，便于以后再根据不同经营类型，采取具体的经营措施。围绕经营类型根据各小班的现状综合分析确定了经营措施类型组及具体的经营措施类型，见表 11-1。

表 11-1　油松人工林森林经营措施类型统计

森林经营类型	经营措施类型组	经营措施类型	经营模式			
			抚育	改造	管护	更新
较高效林	较高效改善型组	管护型			√	
中效林	中效提高型组	保护改造型		√		
		抚育改造型	√			
		渐伐利用型				√
		封禁管护型			√	
较低效林	较低效提高型组	抚育改造型	√			
		低产低效改造型		√		
低效林	低效改造型组	封山育林型			√	

（一）较高效改善型组管护型

森林管护分为封禁管护、重点管护和一般管护 3 个等级。封禁管护主要适用于特殊保护地区的生态公益林，重点管护适用于重点保护地区的生态公益林，以及一般保护地区的幼、中龄林和林下天然更新较好的林分；其他生态公益林采用一般管护。森林管护的主要任务是以封山（沙）护林措施为主，进行综合性经营管理，以及预防、及时发现和阻止森林火灾与森林病虫鼠害的发生发展，防止乱砍滥伐、乱捕滥猎、乱采滥挖、超载过牧等破坏森林资源的行为发生。

该类型小班的林分属于林分条件较好，林木生长良好，生态防护效能高，为不需采取其他经营措施的林地。较高效型林分均采用一般管护。一般管护是对一般保护区的生态公益林进行普遍护林。按照管护责任合同进行经营管理。加强森林防火、森林病虫鼠害防治和森林资源保护工作。具体各小班的经营措施类型见表 11-2 至表 11-5。

(二)中效提高型组

中效提高型的经营对象主要为水源涵养、固碳释氧、生物多样性保护三项生态服务功能发挥达到中等水平的小班，其多功能快速评价得分为 3～3.48 分。马泉林场油松人工林的 138 个小班中有 118 个小班发挥中效，占到了 86%。改善该类型的经营模式，使其有多功能发挥中效变为发挥较高效、高效是多功能经营的重中之重。该类型小班的油松人工林虽然多功能效益发挥水平相近，但各小班的林分状况存在一定差异，在林龄分布上既有幼龄林、中龄林又存在一定数量的近熟林、成熟林和过熟林，海拔在 1145～1334m 之间，郁闭度在 0.4～0.8 之间，平均胸径在 6～14cm 范围内，土层厚度均为中，坡度在 16°～29° 之间，林下植被种类数、植被盖度参差不齐。

针对该组各小班林分的特点，将其经营措施类型细分为：保护改造型、抚育改造型、封禁管护型、渐伐利用型。具体各小班的经营措施类型见表 11-2。

表 11-2　较高效小班经营措施类型

乡镇办	村	小班号	措施类型	措施			
				抚育	改造	管护	更新
交口	安乐	61	管护型	—	—	一般管护	
交口	后曹家沟	118	管护型	—	—	一般管护	
交口	侯壁	5	管护型	—	—	一般管护	
交口	后泉西沟	44	管护型	—	—	一般管护	
交口	垣上	48	管护型	—	—	一般管护	

1. 保护改造型

保护改造型主要是针对结构简单、林相老化的小班。该类型小班中的林分年近近熟，但平均胸径仅为 6～7.5cm，平均树高为 5.5～6m。针对该类型小班主要采取综合改造措施，即带状或块状伐除小老树，引进与气候条件、土壤条件相适应的树种进行造林。一次改造强度控制在蓄积的 20% 以内，迹地清理后进行穴状整地，整地规格和密度根据具体的林分状况而定。

2. 抚育改造型

生态公益林建设技术规程(GBT18337.3—2001)中规定：保护地区的生态公益林不允许进行任何形式的抚育活动；重点保护地区的生态公益林抚育必须进行限制；一般保护地区的生态公益林可以进行必要的森林抚育活动。生态公益林抚育以不破坏原生植物群落结构为前提，其主要目的是提高林木生长势，促进森林生长发育，诱导形成复层群落结构，增强森林生态系统的生态防护功能。

该类经营措施类型所针对的小班是年龄结构、密度结构不合理的幼龄林、中龄林。根据森林的不同起源、不同树种、不同林龄阶段最适应的密度来确定保留密度，通过定株抚育和生态疏伐对森林密度进行调整。

生态疏伐是指先将彼此有密切联系的林木划分成若干植生组（树群）；然后按照有利于林冠形成梯级郁闭，主林层和次林层立木都能直接受光的要求在每组内将林木分为优良木、有益木和有害木；伐除有害木。保留优良木、有益木和适量的草本、灌木。一次疏伐强度为总株数的 15%～20%，伐后郁闭度应保留在0.6～0.7。林带间伐后疏透度在 0.4 以上，并保持原林带的总体结构；伐后林分平均胸径不低于伐前林分平均胸径；株数密度保留在 1035～2500 株/hm^2。

对幼龄林在出现营养空间竞争前进行定株抚育。分 2～3 次调整树种结构，进行合理定株。伐除过密幼树。对稀疏地段补植目的树种。株数密度保留在2000～2600 株/hm^2 之间。

3. 渐伐利用型

防护林主要树种平均年龄达到防护成熟龄（同龄林）的林分可以进行更新。其目的是通过采伐作业促进林下天然更新。特点是，在采伐中更新，在更新中采伐，采伐结束了，新一代的林木也长起来了，从而也完成了成熟林的更新。林分更新包括天然更新、人工促进天然更新和人工更新。更新方法：优先考虑天然更新，其次是采用林下更新，林下更新采用的种苗与其产地的生态环境相适应；在更新中，保留一定数量老龄木，保护珍稀及濒危动植物。以天然更新为主，人工更新为辅。

采用利用改造型经营措施的小班主要为平均年龄达到防护成熟龄（＞61 年）的林分。针对此类小班的具体情况采用窄带或小块状更新采伐方式，采伐蓄积强度不高于 15%，更新采伐的面积不超过 15 亩*，窄带之间、小块状之间的间距面积不少于 15 亩*。小块状或窄带更新后的无林地须在第二年的 3 月底之前完成造林。相邻地块采伐的间隔期以新造林地郁闭成林为限。

4. 封禁管护型

划分为封禁管护型的中效型小班所采用的经营措施类型为重点管护和一般管护，对于生态环境较为脆弱，天然更新能力一般的小班采用重点管护，重点管护采用半封林。封禁时间为 5 年。非封禁期间对该类小班采取一般管护。在封禁期间对小班采取以下措施：

$*$ 1 亩 = 0.067hm^2

　　设置围栏：在牲畜活动频繁地区，采用刺丝、石料垒墙、开沟挖壕等方法设置机械围栏，或栽植有刺乔、灌木设置生物围栏，进行围封。必要时在山口、沟口及交通要塞设卡，加强管护力度。

　　设置标志：在封禁区的周边明显处，如主要山口、沟口、河流交叉点、主要交通路口等对立永久性标牌，立牌公示。

　　人工巡护：根据封护面积及人、畜危害程度，设专职或兼职护林员进行巡护，必要时可在沟口及林区要道设卡。

　　对于幼、中龄林和林下天然更新较好的林分采用一般管护。对一般管护的中效型小班所采取的措施主要为：对林地进行普遍管理，加强森林防火、森林病虫鼠害防治和森林资源保护工作。

表 11-3　中效小班经营措施类型

乡镇办	村	小班号	措施类型	措施			
				抚育	改造	管护	更新
交口	后曹家沟	147	保护改造型	—	综合改造	—	—
交口	枣林	5		—	综合改造	—	—
交口	侯壁	39		—	综合改造	—	—
交口	余沟	19		—	综合改造	—	—
沁河	垣上	45		—	综合改造	—	—
交口	交口	27	抚育改造型	定株抚育	—	—	—
交口	后泉西沟	19		定株抚育	—	—	—
交口	安乐	67		生态疏伐	—	—	—
交口	安乐	52		定株抚育	—	—	—
交口	侯壁	25		定株抚育	—	—	—
交口	柳林	68		定株抚育	—	—	—
交口	枣林	8		定株抚育	—	—	—
交口	交口	6		定株抚育	—	—	—
交口	侯壁	11		定株抚育	—	—	—
册村	南庄	60		定株抚育	—	—	—
册村	南庄	66		定株抚育	—	—	—
交口	交口	8		生态疏伐	—	—	—
交口	安乐	42		生态疏伐	—	—	—
交口	枣林	9		生态疏伐	—	—	—
交口	侯壁	9		生态疏伐	—	—	—
交口	安乐	20		生态疏伐	—	—	—
交口	后曹家沟	93		生态疏伐	—	—	—
交口	侯壁	17		生态疏伐	—	—	—

（续）

乡镇办	村	小班号	措施类型	措施			
				抚育	改造	管护	更新
交口	柳林	37		生态疏伐	—	—	—
交口	余沟	11		生态疏伐	—	—	—
交口	侯壁	70		生态疏伐	—	—	—
交口	安乐	62		生态疏伐	—	—	—
交口	柳林	26		生态疏伐	—	—	—
交口	柳林	61		生态疏伐	—	—	—
交口	柳林	72		生态疏伐	—	—	—
交口	柳林	132		生态疏伐	—	—	—
交口	柳林	63		生态疏伐	—	—	—
交口	安乐	47		生态疏伐	—	—	—
交口	后曹家沟	135		生态疏伐	—	—	—
交口	安乐	19	抚育改造型	生态疏伐	—	—	—
交口	木炭窑沟	23		生态疏伐	—	—	—
交口	木炭窑沟	39		生态疏伐	—	—	—
交口	柳林	41		生态疏伐	—	—	—
交口	安乐	44		生态疏伐	—	—	—
册村	南余交	119		生态疏伐	—	—	—
交口	后曹家沟	131		生态疏伐	—	—	—
交口	安乐	34		生态疏伐	—	—	—
交口	侯壁	1		生态疏伐	—	—	—
交口	余沟	28		生态疏伐	—	—	—
交口	安乐	45		生态疏伐	—	—	—
交口	余沟	10		生态疏伐	—	—	—
交口	后泉西沟	3		生态疏伐	—	—	—
交口	后泉西沟	5		生态疏伐	—	—	—
交口	枣林	7		—	—	—	天然更新
交口	侯壁	10		—	—	—	天然更新
交口	交口	3		—	—	—	天然更新
交口	侯壁	19	利用改造型	—	—	—	天然更新
交口	交口	1		—	—	—	天然更新
交口	柳林	30		—	—	—	天然更新
交口	后曹家沟	26		—	—	—	天然更新
交口	安乐	57	封禁管护型	—	—	重点管护	—
交口	交口	12		—	—	重点管护	—

（续）

乡镇办	村	小班号	措施类型	措施			
				抚育	改造	管护	更新
交口	交口	13		—	—	重点管护	—
交口	交口	14		—	—	重点管护	—
交口	侯壁	65		—	—	重点管护	—
交口	侯壁	7		—	—	重点管护	—
交口	余沟	30		—	—	重点管护	—
交口	侯壁	36		—	—	重点管护	—
交口	安乐	72		—	—	重点管护	—
交口	安乐	119		—	—	重点管护	—
交口	枣林	1		—	—	重点管护	—
交口	安乐	69		—	—	重点管护	—
交口	侯壁	12		—	—	重点管护	—
交口	侯壁	21		—	—	重点管护	—
交口	后曹家沟	149		—	—	重点管护	—
交口	后曹家沟	151		—	—	重点管护	—
交口	后曹家沟	152		—	—	重点管护	—
交口	后曹家沟	153		—	—	重点管护	—
交口	安乐	43	封禁管护型	—	—	重点管护	—
交口	后曹家沟	100		—	—	重点管护	—
交口	柳林	3		—	—	重点管护	—
交口	柳林	6		—	—	重点管护	—
交口	柳林	7		—	—	重点管护	—
交口	柳林	10		—	—	重点管护	—
交口	安乐	106		—	—	重点管护	—
交口	侯壁	44		—	—	重点管护	—
交口	侯壁	57		—	—	重点管护	—
交口	侯壁	62		—	—	重点管护	—
交口	交口	16		—	—	重点管护	—
交口	安乐	50		—	—	重点管护	—
交口	后曹家沟	95		—	—	重点管护	—
交口	木炭窑沟	62		—	—	重点管护	—
交口	安乐	103		—	—	重点管护	—
沁河	垣上	105		—	—	重点管护	—
交口	枣林	2		—	—	重点管护	—
交口	侯壁	16		—	—	重点管护	—

（续）

乡镇办	村	小班号	措施类型	措施			
				抚育	改造	管护	更新
交口	侯壁	48		—	—	重点管护	
交口	柳林	22		—	—	重点管护	—
交口	后泉西沟	18		—	—	重点管护	—
交口	安乐	54		—	—	重点管护	—
册村	南庄	69		—	—	重点管护	—
交口	余沟	21		—	—	一般管护	—
册村	杨家铺	201		—	—	一般管护	—
交口	木碳窑沟	29		—	—	一般管护	—
交口	安乐	58		—	—	一般管护	—
交口	侯壁	14		—	—	一般管护	—
交口	安乐	48		—	—	一般管护	—
交口	柳林	39		—	—	一般管护	—
交口	侯壁	76		—	—	一般管护	—
交口	柳林	24	封禁管护型	—	—	一般管护	—
沁河	垣上	50		—	—	一般管护	—
交口	侯壁	4		—	—	一般管护	—
沁河	垣上	80		—	—	一般管护	—
交口	木碳窑沟	43		—	—	一般管护	—
交口	安乐	59		—	—	一般管护	—
沁河	垣上	44		—	—	一般管护	—
交口	交口	18		—	—	一般管护	—
交口	安乐	39		—	—	一般管护	—
交口	安乐	60		—	—	一般管护	—
交口	安乐	49		—	—	一般管护	—
交口	后曹家沟	143		—	—	一般管护	—
交口	柳林	44		—	—	一般管护	—

（三）较低效提高型组

较低效提高型经营对象主要为水源涵养、固碳释氧、生物多样性保护三项生态服务功能发挥较低效水平的小班，该小班的油松人工林为幼龄林、中林龄和近熟林，海拔在 1150～1320m 范围内，郁闭度范围在 0.17～0.5，平均胸径为 4～14cm，土层厚度为中或厚，坡度在 16°～29°之间，林下植被种类数，植被盖度参差不齐。

针对该组各小班林分的特点，将其经营措施类型细分为：抚育改造型、低产低效改造型，具体见表11-4。

表11-4　较低效小班经营措施类型

乡镇办	村	小班号	措施类型	措施			
				抚育	改造	管护	更新
沁河	垣上	54		—	综合改造	—	—
交口	柳林	109		—	局部补植	—	—
交口	安乐	73		—	局部补植	—	—
交口	后曹家沟	133	低产低效改造型	—	局部补植	—	—
交口	侯壁	18		—	局部补植	—	—
交口	侯壁	8		—	局部补植	—	—
交口	后泉西沟	11		—	局部补植	—	—
交口	交口	24		—	均匀补植	—	—
交口	侯壁	13		—	均匀补植	—	—
册村	南庄	42	抚育改造型	定株抚育	—	—	—

1. 低产低效改造型

低产低效林改造的主要目的是提高生态公益林的复层郁闭水平，增加林下植被盖度。诱导形成层次结构完整、功能多样的森林群落，减轻水土流失，提高其涵养水源能力和功能特性，增强森林的主导功能。低产低效林分为经营型低效林。其表现为：①林木分布不均，林隙多，郁闭度不到0.3。②年近中龄而仍未郁闭，林下植被覆盖度<0.4。③单层纯林尤其是单一针叶树种的纯林，林下植被覆盖度<0.2，土壤结构差，枯枝落叶层厚度<1cm，土壤结构差，枯枝落叶层厚度<1cm。针对该类型小班采取的主要措施为补植改造及综合改造。补植方式分为均匀补植和局部补植。均匀补植用于林隙面积较小，且分布相对均匀的低效林。具体做法是：在林分中清理造林环境，割除影响整地和幼苗生长的灌丛杂物，进行穴状整地，整地规格根据造林树种和苗木类型确定，补植密度视林隙天然更新频度确定。局部补植用于林隙面积较大、形状各异，分布极不均匀的林分。利用边缘效应原理，选择适宜树种在林隙内人工栽植针叶树形成不同规格的效应岛。岛的大小0.5~1hm^2，初植密度依造林树种而异。造林后及时进行除草松土等幼苗管护，每年1~3次，连续3~5年。改造后形成原有林分与人工栽植"针叶岛"呈岛状镶嵌分布的复合群落结构。综合改造的具体做法是：带状或块状伐除非适地适树树种或受害木，引进与气候条件、土壤条件相适应的树种进行造林。一次改造强度控制在蓄积的20%以内，迹地清理后进行穴状整地，整地规格和密度随树种、林种不同而异。

2. 抚育改造型

对于较低效型小班所采取的抚育改造主要为定株抚育，其定株次数为 3 ~ 4 次。

(四)低效改造型组

低效改造型的经营对象主要为水源涵养、固碳释氧、生物多样性保护 3 项生态服务功能发挥低效水平的小班，多功能快速评价得分均小于 2.5 分。该小班的油松人工林主要为中林龄，海拔在 1190 ~ 1280m 范围内，郁闭度范围在 0.15 ~ 0.2，平均胸径为 9.6 ~ 14cm，土层厚度多数为中极少数为厚，坡度在 17° ~ 25° 之间，林下植被种类数少，植被盖度较低。该类型小班的林分生长较差，主要采用的经营措施类型为：封山育林，具体见表 11-5。

表 11-5   低效小班经营措施类型

乡镇办	村	小班号	措施类型	措施			
				抚育	改造	管护	更新
册村	杨家铺	215		—	—	重点管护	—
册村	杨家铺	215		—	—	重点管护	—
册村	南余交	118	封山育林型	—	—	重点管护	—
册村	南庄	24		—	—	重点管护	—
交口	侯壁	15		—	—	重点管护	—

1. 封山育林型

该类型适用于具有天然下种或萌蘖能力的疏林、无立林地、宜林地，郁闭度 <0.5 低质、低效有林地。采取封山育林的目的是：充分发挥封育地类潜力，加快封育成林。对该类型小班采取的经营类型为重点管护，具体措施为：采取人工促进的育林措施。①平茬复壮：对有萌蘖能力的乔木、灌木幼苗、幼树，根据需要进行平茬或断根复壮，以增强萌蘖能力，促其尽早成林。②补植补播：对封育区内树木株数少、郁闭度低、分布不均匀的有林地小班，进行补植补播。③人工促进更新：对封育区内乔、灌木有较强天然下种能力，但因灌草覆盖度较大而影响种子触土的地块，进行带状或块状除草、破土整地。

五、森林经营规划

(一)森林抚育规划

1. 定株抚育规划

本规划 10 年，马泉林场油松人工林一共有 11 个小班需要进行定株抚育，抚育总面积为 110.4hm²，总蓄积为 4531.3m³。

具体的定株抚育小班统计见表 11-6，规划见表 11-7。

表 11-6　定株抚育小班统计

经营措施	经营对象	小班个数	小班面积(公顷)
定株抚育	中效林	10	86.7
定株抚育	较低效林	1	23.7

表 11-7　定株抚育小班规划统计

经营措施	乡镇办	村	小班号	面积 (hm²)	第一次定株 (年.月)	第二次定株 (年.月)	第三次定株 (年.月)	第四次定株 (年.月)	目标株数密度 (株/hm²)	备注
定株抚育	交口	交口	27	3.9	2015.6	2016.6	2018.6		1394~1255	
定株抚育	交口	侯壁	25	2.4	2015.6	2016.6	2018.6		768~712	
定株抚育	交口	枣林	8	4.8	2015.6	2016.6	2018.6		768~712	
定株抚育	交口	交口	6	3.3	2016.6	2017.6	2019.6		768~712	
定株抚育	交口	安乐	52	21.6	2016.6	2017.6	2019.6		768~712	
定株抚育	交口	柳林	68	3.1	2017.6	2018.6	2020.6		768~712	
定株抚育	册村	南庄	66	9.5	2018.6	2019.6	2021.6		1870~2184	
定株抚育	交口	后泉西沟	19	13.8	2018.6	2019.6	2021.6		768~712	
定株抚育	册村	南庄	60	18.5	2019.6	2020.6	2022.6		1870~2184	
定株抚育	交口	侯壁	11	5.7	2020.6	2021.6	2023.6		768~712	
定株抚育	册村	南庄	42	23.7	2021.6	2022.6	2023.6	2024.6	2220~2664	

2. 生态疏伐规划

本规划 10 年，马泉林场油松人工林一共有 34 个小班需要进行生态疏伐，总面积为 347.7hm²，总蓄积为 22777.3m³。

具体的生态疏伐小班统计见表 11-8，规划统计表见表 11-9，小班规划统计表 11-10。

表 11-8　生态疏伐小班统计

经营措施	经营对象	小班个数	小班面积(hm²)
生态疏伐	中效林	34	347.7

表 11-9　生态疏伐规划统计(hm²)

措施	统计类别	总任务量 面积	2014 年 面积	2015 年 面积	2016 年 面积	2017 年 面积	2018 年 面积	2019~2024 年 面积
生态疏伐	小班面积	347.7	32.5	46.7	25	36.7	32.8	174

表 11-10 疏伐小班规划统计

经营措施	乡镇办	村	小班号	面积（hm²）	疏伐时间	疏伐强度（%）	备注
生态疏伐	交口	余沟	28	2.0	2014	10	
生态疏伐	交口	安乐	44	3.4	2014	15	
生态疏伐	交口	柳林	132	4.8	2014	20	
生态疏伐	交口	安乐	67	9.5	2014	15	
生态疏伐	交口	交口	8	2.7	2014	15	
生态疏伐	交口	枣林	9	10.1	2014	10	
生态疏伐	交口	余沟	11	1.3	2015	10	
生态疏伐	交口	余沟	10	11.2	2015	15	
生态疏伐	交口	安乐	62	9.5	2015	15	
生态疏伐	交口	安乐	45	0.8	2015	20	
生态疏伐	交口	柳林	63	23.9	2015	20	
生态疏伐	交口	木碳窑沟	39	14.5	2016	10	
生态疏伐	交口	安乐	20	10.5	2016	15	
生态疏伐	交口	安乐	42	5.3	2017	10	
生态疏伐	交口	柳林	61	7.2	2017	20	
生态疏伐	交口	侯壁	9	2.1	2017	15	
生态疏伐	交口	安乐	34	4.4	2017	15	
生态疏伐	交口	侯壁	70	6.8	2017	10	
生态疏伐	交口	安乐	47	2.3	2017	15	
生态疏伐	交口	安乐	19	8.6	2017	15	
生态疏伐	交口	后曹家沟	135	5.7	2018	15	
生态疏伐	交口	后曹家沟	131	4.5	2018	15	
生态疏伐	交口	木碳窑沟	23	6.9	2018	10	
生态疏伐	交口	柳林	26	2.1	2018	15	
生态疏伐	交口	后曹家沟	93	13.6	2018	10	
生态疏伐	交口	柳林	41	4.7	2019~2024	10	
生态疏伐	交口	后泉西沟	23	7.2	2019~2024	15	
生态疏伐	交口	柳林	37	11.7	2019~2024	15	
生态疏伐	交口	侯壁	17	9.6	2019~2024	10	
生态疏伐	册村	南余交	119	8.5	2019~2024	10	
生态疏伐	交口	后泉西沟	3	18.3	2019~2024	10	
生态疏伐	交口	侯壁	1	1.3	2019~2024	15	
生态疏伐	交口	后泉西沟	5	12.6	2019~2024	10	
生态疏伐	交口	柳林	72	100.2	2019~2024	10	

（二）森林改造规划

1. 补植改造

本规划 10 年，马泉林场油松人工林一共有 8 个小班需要进行补植改造，改造总面积为 66.8hm²，总蓄积为 5273m³。

具体的补植改造小班统计见表 11-11，规划统计表见表 11-12，小班规划表见表 11-13。

表 11-11 补植改造小班统计

经营措施	经营对象	小班个数	小班面积（hm²）
局部补植	较低效林	6	41.2
均匀补植	较低效林	2	25.6

表 11-12 补植改造规划统计（hm²）

措施	统计类别	总任务量 面积	2014 年 面积	2015 年 面积	2016 年 面积	2017 年 面积	2018 年 面积
补植改造	小班面积	66.8	10.4	6.9	13.5	13.5	22.6

表 11-13 补植改造小班规划统计

经营措施	乡镇办	村	小班号	面积（hm²）	补植时间	补植方式
补植改造	交口	侯壁	18	2.9	2014	局部补植
补植改造	交口	安乐	73	3.4	2014	局部补植
补植改造	交口	柳林	109	4.1	2014	局部补植
补植改造	交口	交口	24	5.9	2015	均匀补植
补植改造	交口	后曹家沟	133	1.0	2015	局部补植
补植改造	交口	侯壁	8	27.0	2016～2017	局部补植
补植改造	交口	侯壁	13	19.7	2018	均匀补植
补植改造	交口	后泉西沟	11	2.9	2018	局部补植

2. 综合改造

本规划 10 年，马泉林场油松人工林一共有 6 个小班需要进行综合改造，改造总面积为 45.4hm²，总蓄积为 1746.4m³。

具体的综合改造统计表见表 11-14，规划统计表见表 11-15，小班综合改造规划见表 11-16。

表 11-14　综合改造小班统计

经营措施	经营对象	小班个数	小班面积（hm²）
综合改造	中效林	5	33.6
综合改造	较低效林	1	11.8

表 11-15　综合改造任务规划统计（hm²）

措施	统计类别	总任务量	2014 年	2015 年	2016 年	2017 年	2018 年	2019~2024 年
		面积	面积	面积	面积	面积	面积	面积
综合改造	小班面积	45.4	5.9	5.9	5.9	5.9	3.5	18.1

表 11-16　综合改造小班规划统计

经营措施	乡镇办	村	小班号	面积（hm²）	改造时间	改造强度（蓄积%）	备注
综合改造	沁河	垣上	54	11.8	2014~2015	15	
综合改造	沁河	垣上	45	11.8	2016~2017	10	
综合改造	交口	余沟	19	1.6	2018	10	
综合改造	交口	后曹家沟	147	1.9	2018	10	
综合改造	交口	枣林	5	9.1	2019~2024	10	
综合改造	交口	侯壁	39	9.0	2019~2024	10	

（三）森林管护规划

1. 一般管护

本规划 10 年，马泉国有林场油松人工林一共有 26 个小班需要进行一般管护，管护总面积为 365.5hm²，总蓄积为 22729.6m³。

具体的一般管护小班统计见表 11-17，规划统计见表 11-18，表 11-19。

表 11-17　一般管护小班统计

经营措施	经营对象	小班个数	小班面积（hm²）
一般管护	较高效林	5	55.2
一般管护	中效林	21	310.3

表 11-18　一般管护任务规划统计（hm²）

经营措施	统计类别	总任务量	2014 年	2015 年	2016 年	2017 年	2018 年	2019~2024 年
		面积	面积	面积	面积	面积	面积	面积
一般管护	小班面积	365.5	49.2	44.9	45.7	49.8	43.7	132.3

表 11-19 一般管护小班规划统计

经营措施	乡镇小	村	小班号	面积(hm²)	管护时间	备注
一般管护	沁河	垣上	80	11.9	2014	
一般管护	沁河	垣上	48	18.2	2014	
一般管护	沁河	垣上	50	3.4	2014	
一般管护	交口	余沟	21	15.7	2014	
一般管护	交口	交口	18	6.1	2015	
一般管护	交口	安乐	61	8.6	2015	
一般管护	交口	安乐	48	1.9	2015	
一般管护	交口	安乐	59	11.7	2015	
一般管护	交口	安乐	60	16.6	2015	
一般管护	交口	后曹家沟	143	4.7	2016	
一般管护	交口	安乐	58	3.9	2016	
一般管护	交口	安乐	49	37.1	2016	
一般管护	沁河	垣上	44	9.2	2017	
一般管护	交口	侯壁	4	6.5	2017	
一般管护	交口	安乐	39	3.6	2017	
一般管护	交口	柳林	44	1.2	2017	
一般管护	册村	杨家铺	201	19.9	2017	
一般管护	交口	木碳窑沟	29	9.4	2017	
一般管护	交口	侯壁	76	4.0	2018	
一般管护	交口	柳林	39	12.9	2018	
一般管护	交口	侯壁	14	7.0	2018	
一般管护	交口	后曹家沟	118	19.8	2018	
一般管护	交口	后泉西沟	44	18.0	2019～2025	
一般管护	交口	柳林	24	12.0	2019～2025	
一般管护	交口	侯壁	5	2.3	2019～2025	
一般管护	交口	木碳窑沟	43	100.0	2019～2025	

2. 重点管护

本规划 10 年，马泉林场油松人工林一共有 46 个小班需要进行重点管护，管护总面积为 506.4hm²，总蓄积为 39112.3m³。

具体的重点管护小班统计见表 11-20，规划见表 11-21，小班规划见表 11-22。

表 11-20 重点管护小班统计

经营措施	经营对象	小班个数	小班面积(hm²)
重点管护	中效林	41	459
重点管护	低效林	5	47.4

表 11-21　重点管护任务规划统计(hm²)

措施	统计类别	总任务量	2014 年	2019 年
		面积	面积	面积
重点管护	小班面积	506.4	256.2	250.2

表 11-22　重点管护小班规划统计

经营措施	乡镇办	村	小班号	面积(hm²)	始封时间	封育年限	封育方式	备注
重点管护	交口	余沟	30	7.0	2014	10	全封	
重点管护	沁河	垣上	105	2.1	2014	10	全封	
重点管护	交口	安乐	72	6.1	2014	10	全封	
重点管护	交口	安乐	57	8.7	2014	10	全封	
重点管护	交口	安乐	43	23.5	2014	10	全封	
重点管护	交口	安乐	69	38.9	2014	5	半封	
重点管护	册村	南余交	106	4.6	2014	5	半封	
重点管护	交口	交口	13	12.7	2014	5	半封	
重点管护	交口	交口	14	2.9	2014	5	半封	
重点管护	交口	交口	12	9.4	2014	5	半封	
重点管护	交口	安乐	54	6.1	2014	5	半封	
重点管护	交口	安乐	50	0.9	2014	5	半封	
重点管护	交口	木碳窑沟	62	15.8	2014	5	半封	
重点管护	交口	后曹家沟	153	12.4	2014	5	半封	
重点管护	交口	交口	16	9.3	2014	5	半封	
重点管护	册村	南余交	118	4.2	2014	5	半封	
重点管护	交口	安乐	106	3.9	2014	5	半封	
重点管护	册村	杨家铺	215	25.0	2014	5	半封	
重点管护	交口	后曹家沟	149	3.6	2014	5	半封	
重点管护	交口	侯壁	44	3.4	2014	5	半封	
重点管护	交口	安乐	103	23.8	2014	5	半封	
重点管护	交口	侯壁	65	9.9	2014	5	半封	
重点管护	交口	后曹家沟	100	6.2	2014	5	半封	
重点管护	交口	后曹家沟	152	11.0	2014	5	半封	
重点管护	交口	侯壁	62	35.5	2014	5	半封	
重点管护	交口	后曹家沟	151	25.1	2014	5	半封	
重点管护	交口	侯壁	7	36.3	2019	5	半封	
重点管护	交口	枣林	2	13.6	2019	5	半封	
重点管护	交口	侯壁	57	2.6	2019	5	半封	

（续）

经营措施	乡镇市	村	小班号	面积	始封时间	封育年限	封育方式	备注
重点管护	交口	侯壁	48	4.5	2019	5	半封	
重点管护	交口	侯壁	36	1.8	2019	5	半封	
重点管护	交口	枣林	1	11.1	2019	5	半封	
重点管护	册村	南庄	69	8.1	2019	5	半封	
重点管护	交口	后曹家沟	95	4.2	2019	5	半封	
重点管护	交口	侯壁	15	5.3	2019	5	半封	
重点管护	交口	柳林	10	5.9	2019	5	半封	
重点管护	交口	侯壁	21	20.8	2019	5	半封	
重点管护	交口	安乐	119	11.0	2019	5	半封	
重点管护	交口	柳林	22	8.3	2019	5	半封	
重点管护	册村	南庄	24	6.5	2019	5	半封	
重点管护	交口	侯壁	12	2.3	2019	5	半封	
重点管护	交口	侯壁	16	32.4	2019	5	半封	
重点管护	交口	后泉西沟	18	3.1	2019	5	半封	
重点管护	交口	柳林	7	3.9	2019	5	半封	
重点管护	交口	柳林	3	8.6	2019	5	半封	
重点管护	交口	柳林	6	3.8	2019	5	半封	

（四）森林更新规划天然更新

本规划 10 年，马泉林场油松人工林一共有 7 个小班需要进行天然更新，天然更新总面积为 53.9hm²，总蓄积为 4122.5m³。

具体的小班天然更新统计见表 11-23。

表 11-23　天然更新小班统计

经营措施	经营对象	小班个数	小班面积（hm²）
天然更新	中效林	7	53.9

第三节　森林保护规划

森林保护规划要坚持"预防为主、积极消灭、科学防控、依法治理、促进健康"的方针和可持续控灾战略，建立布局合理、技术先进、管理高效的林业有害生物预防体系，实现对林业有害生物的实时监测、及时预警、有效封锁和科学除治，防止区域外的林业有害生物入侵和区域内的林业有害生物传出，实现对林业有害生物的可持续控制，保障林业健康发展，保护生态安全。大力推进生物防火林带工程建设，构筑生物阻隔带与自然阻隔带相结合的林火阻隔网络，有效控制森林火灾的危害。

一、森林防火

（一）指导思想

认真贯彻"预防为主、积极消灭"的方针，大力推进生物防火林带工程建设，构筑生物阻隔带与自然阻隔带相结合的林火阻隔网络，有效控制森林火灾的危害。

（二）基本原则

以人为本、科学防火，因害设防、合理布局，因地制宜、适地适树，突出重点、循序渐进，防火功效与多种效益相兼顾。

（三）森林防火规划

马泉林场林业用地面积 3976.6hm²，参照发达省份的投入标准结合我省实际，按照每亩每年 2.25 元计算，本经理期 10 年需投入 1342103.0 元。同时建设标准化森林派出所 1 座，投资 450000 元，共需投入 1792103.0 元。建设措施规划如下：

（1）森林防火阻隔带。林场森林资源分布是相对集中，阴坡森林比较多，阳坡由于土壤水分含量较少，基本没有林分分布或有少量分布，另外，林分多集中在深山，地形多为山区，沟梁比较明显。为此林场范围内防火隔离带采用以下措施：①选址：按地形、地势分别建主带和副带，主带建在大沟大梁上，副带建在小沟小梁上。②技术参数：主林带 50m，副林带 30m。③在不引起新的水土流失的前提下，每年定期清除带内的杂灌草。④新建防火隔离带 60km。⑤30km 林道也可作为辅助林带使用。

（2）加强林火材料建设。扑火铁锹 140 把、风力灭火机 4 台、油锯 6 台、劈刀 40 把；装备队员扑火服 40 套，对讲机 8 部等。

（3）防火车辆建设。规划防火消防车 1 辆。

（4）标准所建设。新建标准化森林派出所 1 座，建筑面积 300m²，每平方米 1500 元，投资 450000 元。

（四）森林防火措施

（1）加强领导，层层签订责任奖。把森林防火阻隔带工程作为森林防火的一项战略性措施摆上议事日程。为切实加强对此项工作的领导，林场要成立森林防火领导小组，由场长任组长，办公室、森林防火指挥部为小组成员。领导小组下设办公室，具体负责、督查、验收森林防火工作。将护林防火工作作为林场日常工作的一项重要内容，下达任务指标，层层分解到各基层单位，并进行督查和考核，做到任务落实，责任明确。

（2）制定措施，狠抓落实。从林场实际情况出发，因地制宜，分类指导，进一步制定建立和完善护林防火规章制度，并狠抓落实。

（3）宣传教育与依法护林。组织职工及周边村民学习森林防火法规和林区防火基本知识，在周边农村，发放护林防火宣传手册，使森林防火条例和扑火、救火等有关知识深入到每个群众当中。

在毗邻乡村地带、林区要道设置护林防火宣传牌。

禁止进山砍柴，保护林下幼树。天然更新将得到重视，所以需保护幼树，创造良好的天然更新条件，禁止砍柴、砍伐锄头柄等破坏幼树行为。

对盗伐林木、制造森林火灾隐患的行为，依法处理。

（4）建立护林防火责任制与加强护林联防工作。进一步完善护林责任制。明确护林员、林区、林场各级应负的责任，制定管护岗位职责。责、利、罚相结合，对护林任务完成好的管护员奖励，对管护区内常有林木被盗而又不能及时提供有关线索的护林员则处罚。

对管护员进行培训，制定管护纪律，监督管护员巡逻时间和路径，提高护林效果。

林场与乡村实行防火联防制度，制订联防护林公约，加强联络，发现火灾相互支援，及时扑救。通过与各邻近乡（镇）村建立护林联防区，进行信息沟通，互相帮助，做到"一方有难，八方支援"形成护林防火人人有责的氛围。

二、有害生物防治

马泉林场林业用地面积 3976.6hm²，参照发达省份的投入标准结合我省实际，按照每亩每年 1 元计算，本经理期 10 年需投入 596490.0 元。

（一）指导思想

"预防为主，科学防控、依法治理、促进健康"的方针，注重搞好生物防治，重点牢固树立以营林为基础的森林病虫害防治，加强抚育管理，改善林分的卫生状况，促进林分旺盛生长，提高林木对病虫害的抵抗能力，尽量营造针阔混交林，扩大混交林的比例，同时要继续抓好虫情测报工作，加强生物科学研究和技术推广的力度以及植物检疫工作。

（二）主要措施

（1）加强领导，落实森防检疫目标管理责任制，保障森防检疫工作的顺利进行把森防工作纳入林场综合考核，把指标分解到基层各单位，实行目标管理考核。除平时深入基层检查外，年终组织有关人员进行目标管理考核检查，并将检查情况进行通报，做到奖罚分明，使大家认识到森防检疫工作的重要性。

（2）加大森防检疫宣传力度，提高防灾意识

林业有害生物防治检疫是一项法律性、技术性较强，涉及面较广的社会性工作，为提高全民防灾意识，加强森林生物灾害知识的普及和森防法规的宣传教育，经常性开展森防检疫法规及主要林业有害生物防治技术科普知识宣传，发放宣传材料，提高森林经营者主动参与防灾、减灾的意识。

（3）加强森林病虫害的监测和预报工作。要做好管护区的森林病虫害的监测工作和预报工作，特别是针对油松松毛虫、大小蠹等危害的监测工作，一旦发现有发生，就要及时预报，并制定防治方案，果断采取措施，控制病虫害，防止病虫害大面积发生和蔓延。

（4）加强森林经营水平，提高林木抗病抗虫能力。通过抚育间伐、林分改造和营造针阔叶树混交林等措施，改善林分卫生状况，提高林分质量，增强林木抗御病虫害的能力。

三、森林保护体系与机制

（一）建立护林管理体系

资源保护是林场的重要工作之一，如何有效制（防）止林木的乱砍滥伐和打击盗伐现象，维护林场的利益是资源保护的主要内容，为此，在长期实践的基础上，林场必须建立科学有效的护林管理体系：

（1）林场在领导层中确立专门领导分管护林工作，从而加强了对这项工作的领导。

（2）确保林场派出所的职能，保证足够的护林员。确保"有林就有人"的护林管理网络。

（3）在制度上形成一整套护林管理考核办法。明确规定了各级人员的护林工作职责，严格对护林工作进行管理考核。

（二）加强重点区域的整治

对于盗砍盗伐风气盛行，长期以来难以治理的区域进行重点整治工作，采取以下措施：①增加管护员。②民警分队不定期进行巡逻。③将护林工作列为重点整治区域的首要工作，在人、财、物上予以全力支持与倾斜。④依靠执法力量及协调社会各方关系，取得广泛的支持与帮助，开展以控制路面为重点的持续打击与震慑活动。使护林工作走上正轨。

（三）提高管理人员的业务水平与敬业精神

根据林场对护林工作的要求，各管护区建立森林资源小班因子资料库，从而

使护林工作由粗放式管理提升为应用图表资料的较为细致的管理。对每名民警及护林员加强业务素质的培养，学会识图、判图，对应图表资料管理护林工作，并配备必要的设备。与此同时，加强对管理人员敬业精神的教育与培养，积极开展护林自查及配合民警开展护林检查工作，对于发现的问题，查找原因，寻求对策，进行自纠。通过不断的护林督查与自纠，推动护林工作的不断进步。

四、建立森林监测预警系统

森林生态系统健康状态与水平直接关系到森林资源的可持续利用程度，森林火灾、森林病虫害等直接影响到森林资源的健康与安全，因此，在森林资源与环境保护中，除上述提出的防火规划与病虫害防治措施，还应建设一套先进、完善的森林监测预警体系，为此，在经理期内将购置集遥感、监测技术、自动控制、计算机技术、无线网络通讯技术、GIS 信息管理技术于一体的实时森林监测预警系统，加强林场的森林保护能力，完善森林"三防"体系。

五、森林生态环境保护

森林是陆地生态系统的主体，毁坏森林会直接导致水土流失，引发旱涝等自然灾害及破坏生物多样性，最终使自然环境质量下降，因此，自然环境保护的重点是保护与发展森林资源，同时在森林经营活动中采取合理的生态环境保护措施。

（一）加强资源管理

严格执行森林抚育采伐管理制度，加强林政资源管理，严厉打击乱砍滥伐林木和非法侵占林地等破坏森林资源的行为。同时合理安排组织木材生产，搞好木材综合利用，提高木材利用率，降低森林资源消耗量。

（二）搞好造林

整地：尽量少采用鱼鳞坑的造林整地方式。提倡采用"品"字形块状或穴状方式进行造林整地。

造林：加大阔叶林营造林比例，提倡营造针阔混交林。生态脆弱区尤其是坡度较大时，山顶带"帽"（保留山顶的现有林分）以提高区域森林生态防护效能。

（三）严格林木采伐

林场现有林地为生态公益林，提倡抚育采伐和更新采伐等形式，杜绝采用主伐类型。采伐迹地当年或次年应及时造林更新，以恢复和维持森林生态系统的稳定性。

六、生物多样性建设

注重搞好生物多样性建设，重点牢固树立以保护为基础的森林生态体系，加强保护和抚育管理，改善植物的成长状况，促进森林旺盛生长，提高林木对病虫害的抵抗能力，尽量营造针阔混交林，扩大混交林的比例，同时要继续抓好有害生物的和预防测报工作，加强生物科学研究和技术推广的力度保护生物多样性。

第四节　基础设施建设规划

一、林场道路建设

林区道路是林场生产、生活的生命线，也是农村生产、生活重要保障，随着社会主义新农村建设工作的大力推进，道路建设规划尤为重要。

二、林场道路规划

林场道路就其用途而言，可分为 3 类：Ⅰ类是生产道路(林道)；Ⅱ类是生活道路；Ⅲ类是生产兼生活道路。林场内现有干线公路 40km，林道 30km。本次规划主要是生产道路(Ⅰ类林道)，新建 16km，路基宽 4m，路面 3.5m，水泥路面。维修乡村道路 61km。

三、林区道路规模

2014～2019 年，新建 10km，维修 21km；2020～2024 年，新建 6km，维修 40km。

四、场部设施建设

林场工作以现代林业为指导，以保护和培育森林资源为重点，以加快林场经济发展和提高职工生活水平为出发点，实施可持续发展战略，建立并完善管理体制和经营机制，逐步形成多产业协调发展的国有林场经济新格局。基础设施建设是林场各项建设的保障，根据林场发展的需要，为实现该场在新时期林业快速发展、生活富裕和生态优良的目标，统一规划，合理布局，分期实施逐步改善。

场部建设以实现现代化、标准化的新形象布局，以改造为重点，使场部达到环境花园化，生产、经营管理信息网络化，住房社会化，管理人性化，生活现代化，彻底解决林场场部办公和职工住房、看病、上学、入托以及健身、娱乐等后顾之忧。林场场部现都是 50～60 年代修建的平房，现多为危房，需要彻底改造。

本次方案安排场部新建1100m² 二层楼，包括办公室、派出所、卫生院、娱乐等，附属房150m²，包括职工餐厅、澡堂、锅炉房、门卫房、卫生间等。

五、管护站设施建设

管护站是林场森林管护的桥梁和纽带，战略位置十分重要。管护站建设规划的重点是主动参与社会主义新农村建设，积极构建和谐社会，最大限度地满足管护站工作人员的生活需要。管护站建设随着天然林保护区的建设，建了部分管护房，但还不能满足目前生产和生活的需要，本次方案安排新建2处320m²。

六、水、电、暖配套

林场建设随着天然林保护区的建设，建了部分管护房，但还不能满足目前生产和生活的需要，本次方案安排新建2处320m²，全部实现"三通"外，林场原有的办公房和辅助用房水、电、暖管网全部改造，面积600m²。

七、设施设备

场部建设以实现现代化、标准化的新形象布局，以改造为重点，使场部达到环境花园化，生产、经营管理信息网络化，住房社会化，管理人性化，生活现代化，满足林场职工生产生活的需要，配备电脑、打印机各10台，数码摄像机2台，办公桌椅档案柜等20套，文化活动场所(图书馆)1所。

第十二章 马泉国有林场生态系统
管理技术与对策

第一节 马泉林场油松人工公益林多功能效益经营技术规程

一、范围

本标准根据马泉林场油松人工公益林多功能经营目标，规定了该林场油松人工公益林多功能经营对象、改造调整措施、作业调查设计、作业施工要求、管理与检查及档案建设与管理等内容。

本标准适用于马泉林场不同经营类型油松人工公益林的林分调整。

二、规范性引用文件

下列文件对于本文件的应用是必不可少的。下列文件中的条款通过本标准的引用而成为本标准的条款。凡是注明日期的引用文件，其随后所有的修改单（不包括勘误的内容）或修订版均不适用于本标准。凡是不注明如期的引用文件，其最新版本适用于本标准。

LY/T 1646—2005 森林采伐作业规程

LY/T 1690—2007 低效林改造技术规程

GB/T 15776—2006 造林技术规程

GB/T 18337.1—2001 生态公益林建设　导则

GB/T 18337.2—2001 生态公益林建设　规划设计通则

GB/T 18337.3—2001 生态公益林建设　技术规程

DB14/T 185—2008 山西省生态公益林抚育技术规程

DB14/T 183—2008 山西省低效生态公益林改造技术规程

三、术语和定义

下列术语和定义适用于本标准

（一）人工林 plantation

用植苗、播种、扦插和其他各种人工方法培育的森林

（二）（生态）公益林 non-commercial forest

为维护和改善生态环境，保护生态平衡，保护生物多样性等满足人类社会的生态、社会需求和可持续发展为主体功能，主要提供公益性、社会性产品或服务的森林、林木、林地。

（三）林龄 stand age

林分中林木的平均年龄。

（四）林分 stand

在林木起源、林相、树种组成、年龄、地位级、疏密度、林型等内部特征相同的一个群落，并与相邻群落有所区别的一片森林。

（五）蓄积量 volume

单位面积林地上所有活立木材积的总和，以 m^3 为单位。

（六）郁闭度 crown density

林分中树冠彼此连接的程度。以林分整个乔木树冠的垂直投影面积与此林地总面积的比值来表示。

（七）林分密度 stand density

单位面积林地上活立木的株数。

（八）有林地补植 replanting under canopy

为提高林分密度、改善林分结构、提高林分质量以及充分发挥林地生产力和森林多功能效益而在有林地上补植苗木的过程。

（九）定株 singling

在幼林中，按照合理的密度保留一定林木的抚育作业。

（十）生态疏伐 ecological thinning

为使森林形成林冠梯级郁闭，林内大、中、小立木都直接接受阳光，诱导形成复层异龄林，增强森林生态系统的生态防护功能而进行的一种综合抚育方法。

（十一）卫生伐 sanitation cutting

为改善森林的卫生状况、促进林木健康生长而进行的采伐。

（十二）抚育采伐标准地 thinning plot

为抚育采伐作业设计或科学研究、检查抚育效果提供依据的一定面积的森林地段。它能够反映待测林地的平均指标，是整个林分的缩影，通过它可以获得林分的各种数量和质量指标。有临时标准地和固定标准地之分。后者有不进行采伐的对照区。

（十三）疏伐强度 thinning intensity

砍伐和保留林木的程度。常用采伐木的蓄积（或株数）占小班蓄积（或总株数）的百分率表示。合理的强度取决于经营目的、树种的生物学特性以及经济条件。一般根据森林的生长与立木之间的数量关系，在不同的生长阶段按照合理的密度确定。确定合理的强度可依据蓄积、最适株数、郁闭度等方法。

（十四）封山育林 sitting apart hills including sand area for tree growing

对具有天然下种或萌蘖能力的疏林地、无林地、有林地、灌木林地实施封禁，保护植物自然繁殖生长，并辅以人工促进手段，促使恢复成森林或灌草植被；以及对低质、低效有林地、灌木林地进行封禁，并辅以人工促进经营改造措施。

（十五）半封 half-closure

在封育期间，林木主要生长季节实施全封；其他季节按作业设计进行樵采、割草等生产活动的封育方式。

（十六）轮封 shift-closure

封育期间，根据封育区具体情况，将封育区划分片段，轮流实行全封或半封的封育方式。

四、林木分级

林木分级是确定间伐木的重要依据。根据林木的生长、受光情况及在林分中所处的位置，将人工林单层同龄纯林林木分为 5 级。

Ⅰ级木——优势木。树高最高，胸径最大，树冠于主林层上，几乎不被挤压。

Ⅱ级木——亚优势木。胸径、树高仅次于优势木，树冠形成林冠层的平均高度，侧方多少会受到挤压。

Ⅲ级木——中等木。胸径、树高均为中等，树冠伸到主林层，但侧方受挤压。

Ⅳ级木——被压木。树干纤细，树冠窄小且偏冠，处于主林层之下或只有树梢能达到主林层。

Ⅴ级木——濒死木、枯死木。处于主林层下，生长衰弱，接近死亡或已死亡。

五、总则

（1）为加速马泉林场油松人工公益林建设和多功能经营的科学化、规范化，提高不同经营管理类型油松林的林分质量，保证水源涵养、固碳释氧及维持生物多样性三大功能充分发挥，满足社会需求，促进林业可持续发展，根据《中华人民共和国森林法》《中华人民共和国森林法实施条例》的总体要求，制定本规程。

（2）多功能经营措施必须遵循自然规律，保证不会引起林地退化、水土流失等生态问题，在提高森林生态效益与社会效益的同时，兼顾经济效益。

（3）油松人工公益林的抚育改造等具体经营措施，要区别林分的不同效型及立地条件确定具体的技术细则、技术指标。

（4）抚育采伐的总原则是"留优去劣，留强去弱，分布均匀，疏密适度"。

（5）根据油松人工公益林生态效益的发挥情况、马泉林场油松人工公益林森林经营方案及实际抚育改造条件，按照多功能经营较高效林、多功能经营中效林、多功能经营较低效林、多功能经营低效林四种不同类型分别对待。

（6）森林经营管理单位和林业主管部门要由专门人员对规程的执行进行监督和检查。

六、油松人工公益林多功能经营

基于森林资源二类调查小班数据及实地样地调查，选取单位面积蓄积量、林分郁闭度、胸径、坡度、林龄及叶面积指数等九项指标构建评价体系，对马泉林场 138 个小班进行快速评价。最终，根据评价结果，按照该林场油松人工公益林的涵养水源、固碳释氧、维持生物多样性三项主要生态服务功能将其划分为多功能经营较高效林、多功能经营中效林、多功能经营较低效林、多功能经营低效林。

（一）多功能经营较高效林

1. 多功能经营对象

多功能经营较高效林主要集中在 5 个小班，符合以下条件：

——主要为中龄林，海拔在 1180～1290m 之间，郁闭度大于或等于 0.6，平均胸径在 6～14cm 范围内，株数密度在 2500～5000 株/hm^2，土层厚度均为中，坡度在 22°～29°之间，林下植被盖度较高，物种丰富。

——主要问题为林龄结构单一，林分郁闭度过高。

该种林分一般采取适当的卫生伐抚育，采用补植改造、综合改造及一般管护的经营措施，进行适当的混交造林。

2. 多功能经营措施

抚育

卫生伐。伐除受害木，根据林木受害程度有选择地伐除部分受害木，不得造成天窗，以利于林分整体健康和稳定性恢复。卫生伐后整体林分的郁闭度应控制在 0.6～0.7，一般间隔期一般为 4～6 年。

改造

综合改造。根据林分内林隙的大小与分布特点，采用不同的补植方式，较高效林内一般林隙较小，林木分布较均匀，因此均采用均匀补植；对于林相趋于老化、林下生物多样性较少、林地质量较差的林分采用综合改造。一次改造强度应控制在蓄积的20%以内。

管护

一般管护。进行适当的乔木与灌木带状混交造林，其中天然灌木每亩保留，主要的灌木种类有黄刺枚、沙棘，混交比为35%。在补植后，定期进行除草、修枝等一般管护措施。

（二）多功能经营中效林

1. 多功能经营对象

马泉国有林场油松人工公益林的138个小班中有115个小班的三大主要生态服务功能发挥达到中效，数量最大，占到83%，符合以下条件：

——主要为幼龄林、中龄林和近熟林，海拔在1145~1334m之间，郁闭度大于等于0.6，平均胸径在6~14cm范围内，株数密度500~5000株/hm² 范围内，土层厚度大多数为中，少数为厚，坡度在16°~29°之间，林下植被种类数，植被盖度参差不齐。

——中效林的小班数量较多，且林龄分布不一致，影响多功能发挥的主要因子不尽相同，所以划分较细，采取了定株抚育、生态疏伐、改造、补植更新及管护等多种不同多功能经营措施。

2. 多功能经营措施

抚育

卫生伐。伐除受害木，根据林木受害程度有选择地伐除部分受害木，不得造成天窗，以利于林分整体健康和稳定性恢复。卫生伐后整体林分的郁闭度应控制在0.7~0.8，一般间隔期一般为5~7年。

定株抚育。按不同人工林的要求分2~3次调整树种结构，进行合理定株，伐除非目的树种和过密幼树，对稀疏地段补植目的树种和混交树种。人工林定株，造林密度设计合理且每个种植点（穴）有多株幼树者，根据林木生长状况进行定株，每个种植点（穴）保留1株；株行距太小者，需按照合理密度进行定株，每667m²视具体情况保留80~150株，且分布要均匀。定株抚育后郁闭度应控制在0.7~0.8之间，即2000~2600株之间。

生态疏伐。一般要伐除枯倒木、濒死木（Ⅴ级木）和被压木（Ⅳ级木），保留优势木、亚优势木、中等木和适量的灌木、藤蔓与草本；对于过密的林分，还应考虑适量伐除部分中等木（Ⅲ级木）。同时，应注意保留林缘木、林界木和孤立木。对复层林要根据林木生物学特性，注意各林层的合理分布。

疏伐开始期主要根据树冠郁闭后林木自然分化明显及胸径连年生长量下降确定，一般 I、IV 级木达到 25% 左右，进行第一次疏伐。多功能经营中效林起始林龄一般是 12~15 年。

疏伐间隔期和次数主要根据培育目标、抚育后适宜密度、立木生长状况及经济条件综合确定。林分经上次疏伐后林木连年生长量重新开始连续下降的第二年，即为下次疏伐的适宜作业期。对于以发挥生态服务功能为主的油松人工林来说，幼龄林抚育间隔期 5~7 年，中龄林一般 7~10 年。疏伐次数一般是 1~3 次。

一次生态疏伐强度不超过蓄积（或总株数）的 17%~20%，伐后郁闭度应保留在 0.7~0.8，伐后林分的平均胸径不低于伐前林分的平均胸径，抚育的蓄积量强度低于 20%。

改造

补植。由于中效林郁闭度大，林隙面积较小且分布相对均匀，所以采用均匀补植。在林分中清理林地，割除影响整地和幼苗生长的灌丛杂草，进行穴状整地，整地规格根据树种及苗木规格决定。经补植的林分，树种不能少于 2 个，主要补植阔叶树种刺槐、栎类，补植密度视林隙天然更新程度确定，一般油松人工林中补植 1500~2000 株/hm²，改造后形成针阔混交林。

综合改造。由于林木结构十分不良，不能有效地发挥生态服务功能，补植、择伐改造及修枝等单项措施难以提高其林分质量，所以实施综合改造。一次改造强度应控制在蓄积的 20% 以内。对于带状或块状伐除非适地适树的树木或受害木，引进与气候、土壤等条件相适应的、经济效益高及抗性良好的树种进行造林、更新与补植，如槐树、栎树等。

管护

封育管护。对中效林中的幼龄林进行封育管护，以保证幼苗幼树正常生长，直至郁闭成林。封禁期一般为 5~10 年。在封育期间严禁进山采伐与砍柴，封育期间禁止一切人为活动，在人畜经常出入的沟口、路口、河流交叉处和容易进入林地的山脚地段，采用铁丝围网、石料垒墙等机械围栏和树标志等。

中效林的中龄林林分也可进行适当的封山管护。一般采用轮封和半封的方式。在林木生长季节实施封禁，严格保护林下植被和更新幼树的生长，使之按着自然演替的规律顺行发展。非生长季节，可在严格保护树种幼苗、幼树的前提下，有计划、有组织地结合育林，进行抚育性质的修枝、割灌、定株、间伐等工作。这样既能保护原有树种，又可增加生物种类，形成异龄复层林，提高防护效能的目的。

更新

更新。多功能经营中效林的过熟林林分生长停滞甚至衰退、几乎无天然更新能力、林木极度分化、生态效益严重下降。对于林相残破的成、过熟林可进行全面更新改造;对枯立木、受害木进行择伐或间伐后,油松天然幼苗较多且分布均匀的林分可采取天然更新的改造方法;而对于有下种母树、萌蘖伐桩或树根及天然幼苗,但幼苗数量不足或分布不均的油松林分采用人工促进更新。

(三)人工水源涵养较低效林

1. 多功能经营对象

人工水源涵养较低效林主要有 12 个小班,符合以下条件:

——为幼龄林、中林龄和近熟林,海拔在 1150~1320m 范围内,郁闭度范围在 0.17~0.7,平均胸径为 4~14cm,土层厚度为中或厚,坡度在 16°~29°之间。林下植被种类数,植被盖度参差不齐。

——主要问题是密度不合理,过疏过密现象严重。不同林龄林分质量显著不同,整体功能发挥均不够良好。

对该种人工林进行定株抚育、生态疏伐、卫生伐及综合改造等抚育改造措施,此外,进行一定的重点管护、天然更新及人工促进等。

2. 多功能经营措施

抚育

定株抚育。在出现营养空间竞争前进行定株抚育。分 2~3 次调整树种结构,进行合理定株,伐除非目的树种和过密幼树,对稀疏地段补植目的树种和混交树种。人工林定株,造林密度设计合理且每个种植点(穴)有多株幼树者,根据林木生长状况进行定株,每个种植点(穴)保留 1 株;株行距太小者,需按照合理密度进行定株,每 667m² 视具体情况保留 70~150 株,且分布要均匀。定株抚育后郁闭度应控制在 0.6~0.8 之间,即 1800~2600 株之间。

生态疏伐。对于山体坡度小于 25°、土层深厚、立地条件好,不会造成水土流失、下层木或下层植被受光困难的林分采用生态疏伐。疏伐间隔期和次数主要根据培育目标、抚育后适宜密度、立木生长状况及经济条件综合确定。林分经上次疏伐后林木连年生长量重新开始连续下降的第二年,即为下次疏伐的适宜作业期。对于以发挥生态服务功能为主的油松人工林来说,幼龄林抚育间隔期 5~7年,中龄林一般 7~10 年。疏伐次数一般是 1~3 次。

一次生态疏伐强度不超过蓄积(或总株数)的 15%~20%,伐后郁闭度应保留在 0.6~0.8,伐后林分的平均胸径不低于伐前林分的平均胸径,抚育的蓄积量强度低于 20%。对于未进行过透光伐的飞播林首次疏伐后郁闭度应控制在 0.7~0.85,即每公顷保留株数在 3500 株以上。

卫生伐。根据林木受害程度有选择地伐除部分受害木，不得造成天窗，以利于林分整体健康和稳定性恢复。卫生伐后整体林分的郁闭度应控制在 0.6~0.8，一般间隔期一般为 4~7 年。

改造

综合改造。多功能经营较低效林林分分林隙面积大、分布不均，所以首先要采用局部补植，再进行综合改造。要补植的适宜树种主要为槐树、栎树，在林隙内栽植形成大小不同的局部补植斑块。补植密度依树种而异，具体指标按照 GB/T 15776—2006《造林技术规程》中的规定执行。补植造林后的 1~5 年中要及时进行除草松土等幼苗管护与抚育管理。具体可采用除草、松土、施肥等技术措施，促进幼树生长。头三年每年除草两次，块状松土，第四年全面劈草一次，以改善幼树生长环境。

管护

重点管护。即对较低效林分进行封山育林管护。期间严禁进山采伐与砍柴，禁止一切人为活动，在人畜经常出入的沟口、路口、河流交叉处和容易进入林地的山脚地段，采用铁丝围网、石料垒墙等机械围栏和树标志等。定期进行抚育性质的修枝、割灌、定株、间伐等工作。这样既能保护原有树种，又可增加生物种类，形成异龄复层林，提高防护效能的目的。

更新

更新。多用于成、过熟林或遭受自然灾害的林分、林带等。过熟林林分生长停滞甚至衰退、几乎无天然更新能力，林木极度分化、生态效益严重下降。对于林相残破的成、过熟林可进行全面更新改造；对枯立木、受害木进行择伐或间伐后，油松天然幼苗较多且分布均匀的林分可采取天然更新的改造方法；而对于有下种母树、萌蘖伐桩或树根及天然幼苗，但幼苗数量过少或分布不均的油松林分采用人工促进更新。

（四）人工水源涵养低效林

1. 多功能经营对象

低效林所占小班数较少，主要有 5 个，符合以下条件：

——为幼龄林和中林龄，海拔在 1190~1280m 范围内，郁闭度范围在 0.15~0.2，平均胸径为 9.6~14cm，土层厚度多数为中极少数为厚，坡度在 17°~25°之间，林下植被种类数少，植被盖度较低。

——该种类型油松林的主要问题是过于稀疏，主林层严重退化，结构单一同时林下条件差，几乎已经不能够提供有效的生态服务功能。

因单项抚育改造措施已难以提高其林分质量，所以要进行定株抚育、生态疏伐，补植及更新等多种改造技术的综合改造，并进行重点管护。

2. 多功能经营措施

抚育

定株抚育。按要求分 2~3 次调整树种结构，进行合理定株，伐除非目的树种和过密幼树，对稀疏地段补植目的树种和混交树种。人工林定株，造林密度设计合理且每个种植点(穴)有多株幼树者，根据林木生长状况进行定株，每个种植点(穴)保留 1 株；株行距太小者，需按照合理密度进行定株，每 667m² 视具体情况保留 70~150 株，且分布要均匀。定株抚育后郁闭度应控制在 0.6~0.7 之间，即 1600~2000 株之间。

生态疏伐。疏伐间隔期和次数主要根据培育目标、抚育后适宜密度、立木生长状况及经济条件综合确定。林分经上次疏伐后林木连年生长量重新开始连续下降的第二年，即为下次疏伐的适宜作业期。对于以发挥生态服务功能为主的油松人工林来说，幼龄林抚育间隔期 5~7 年，中龄林一般 7~10 年。疏伐次数一般是 1~3 次。

一次生态疏伐强度不超过蓄积(或总株数)的 15%~20%，伐后郁闭度应保留在 0.6~0.7，伐后林分的平均胸径不低于伐前林分的平均胸径，抚育的蓄积量强度低于 20%。但是，对于未进行过透光伐的飞播林首次疏伐后郁闭度应控制在 0.7~0.85，即每公顷保留株数在 3500 株以上。

改造

综合改造。由于林木结构十分不良，不能有效地发挥生态服务功能，补植、择伐改造及修枝等单项措施难以提高其林分质量，所以实施综合改造。一次改造强度应控制在蓄积的 20% 以内。对于带状或块状伐除非适地适树的树木或受害木，引进与气候、土壤等条件相适应的、经济效益高及抗性良好的树种进行造林、更新与补植，如槐树、栎树等。此外，有些林木经常遭受人、畜牧破坏而不能正常生长、不能正常发挥生态效益，但林内已有一定数目幼苗，要视情况采取轮封、全封或半封等措施，使此类油松人工林尽快恢复生长，并且林分质量得到提高。具体措施参考补植、抚育、更新等方法。

管护

重点管护。重点管护期间要禁止进山采伐与砍柴等人为活动，在人畜经常出入的沟口、路口、河流交叉处和容易进入林地的山脚地段，采用铁丝围网、石料垒墙等机械围栏和树标志等。定期进行抚育性质的修枝、割灌、定株、间伐等工作。这样既能保护原有树种，又可增加生物种类，形成异龄复层林，提高防护效能的目的。

更新

人工促进更新。对于有下种母树、萌蘖伐桩或树根及天然幼苗，但幼苗数量不或分布不均的油松林分采用人工促进更新。

七、作业调查设计

(一)设计单元与单位

油松人工林抚育改造作业设计以小班为基本单元,由有林业调查规划设计资格的单位承担或由县林业局及其授权的基层林业工作站承担。以林业主管部门为设计文件的申报单位。作业设计需经相关林业主管部门审核批准,并以此作为施工作业、施工监理和检查验收的主要依据。

(二)设计依据

马泉林场油松人工林的抚育改造作业设计依据为省市林业局及有关部门批复的油松林改造规划、设计和项目实施方案、经批复的项目可行性研究报告、森林资源调查成果以及相关规定。

(三)作业调查

1. 作业小班区划与测量

采用罗盘仪或 GPS 等仪器设备(严格按照测量精度要求选取有关仪器设备),配合地形图和林相图,实地测绘需抚育改造的油松林分的境界和面积,边界测定闭合差不得超过 0.5%。

2. 作业调查和初步设计

在每个林班作业小班内,根据作业面积的大小选测 1~3 块标准地,面积不小于 0.06hm²,调查林分和林木生长状况及土壤、植被、立地类型等林分特征,根据调查结果由技术人员提出初步设计,并在标准地内进行预备作业;然后根据预备结果对初步设计进行调整和修订,最后确定抚育改造方法、面积、各工序用工量、时间、物资消耗量、苗木规格和用量等,如作业中有商品材产出,需要预备作业时进行造材并填写标准地造材登记表;调查、预备作业及初步设计的有关内容和项目按照 DB14/T 185—2008《山西省生态公益林抚育技术规程》执行。

3. 作业设施选设

根据作业地区的地形地势、交通条件、间伐补植量及用工数量、运输设备等,充分利用原有的测线、林道和林区公路,选择合适的作业路线和楞场,尽量避免抚育改造施工对林地的永久性破坏。

(四)作业设计

1. 编制作业设计表

根据标准地调查设计表编制作业设计表,主要内容有作业面积与用工量、作业、工具及作业物资需要量、劳动力需求量、作业费用等,设计表的格式和内容参照 DB14/T 185—2008《山西省生态公益林抚育技术规程》中的规定执行。

2. 绘制作业设计图

根据作业实测内容，结合林相图和地形图绘制比例尺为1:5000或1:10000的作业设计图。主要图素有林班界、小班界、需改造的林分界限、明显地面标志物及改造项目。

3. 编写作业设计说明书

内容包括设计依据与原则、作业设计地区的基本情况、改造的技术措施、作业的设施安排、人员组织与物资需要量、设施的修建、财务评价等。

八、作业施工要求

作业施工时，抚育改造对象的选择要严格按照规程规定执行，抚育采伐木的选择需由技术人员逐一标号，按号采伐，采伐时要严格控制树倒方向与伐桩高度，尽可能减少对保留木的伤害。改造采伐剩余物要及时清理并尽量加以利用，清林采用归堆方式。抚育改造后的林分，林木应尽可能分布均匀。

九、管理与检查

（一）设计审批

马泉林场属于市县林场，没有商品材产出的抚育改造设计，由所在市县林业主管部门审核批准并备案。有商品材产出的抚育改造作业设计，按现行《山西省林业厅关于进一步加强林木采伐管理通知》（晋林资发〔2005〕34号）中的相关规定执行。

（二）检查验收

市县林业主管部门要对其所审批的人工林抚育改造设计及施工质量进行实时监督和检查，现场核实作业地段的林分调查因子、抚育改造作业设计及作业质量，验收时严格把关，合格的予以验收，验收合格的单位要发给合格证书，不合格的单位要限期返工，直到合格方能发证，不发证的单位不能继续施工。检查验收的实施细则及奖惩遵循国家及山西省林业主管部门的有关规定。

十、建档与管理

（一）建档

省直国有林管理局、国有林场和地方林业局等均要以作业小班为基本单位逐级建档，类型包括纸质和电子档案两种，并纳入信息化管理，确定统一的档案管理制度。建立油松人工林抚育改造技术档案，档案的内容包括抚育改造作业设计的文件、图表、技术措施、用工量及投资概算、施工情况、检查验收情况及遇到的问题与解决办法。同时要根据抚育改造类型设立固定标准地（各类型不少于5

块，含作业的与对照的各 5 块，面积大小依具体情况而定，一般不少于
0.06hm²），定期记载经营活动和林木生长变动情况，及时整理分析数据和总结经
验，使抚育改造活动与开展科学实验密切结合。

（二）档案管理

建档单位要确定专人负责，坚持按时认真填写，不能漏记或中断，技术档案
由工程技术人员和业务领导审查签字，一并纳入森林资源档案。此外，还要坚持
档案的定期检查。

第二节　马泉国有林场生态系统管理对策

环境政策与资源管理之间存在着对立，这些矛盾随着预算的紧缩、社会关注
度的不同等社会问题的出现而日益突出。潜在的问题也会伴随着生态系统管理而
产生，其中既有本来就存在且继续下去的问题，也有针对生态系统管理出现的新
的问题。好的管理的一个关键性特征是管理活动要有弹性，特别是对于那些存在
不确定性的复杂系统更是如此。

生态系统概念作为一种管理方式，既强调生态系统结构和功能的驱动变量和
胁迫因子，也注重生态系统管理活动与系统的结构和功能之间的相互关系，而一
个较为成熟的方法应该是在适当的尺度下管理环境问题。即生态系统管理要求综
合管理，要将经济、社会及环境方面的管理问题综合在一起。

一个合理的生态系统管理是建立在充分了解生态系统结构和功能基础上，并
结合社会经济情况来制定各种政策、协议，采用不同的实践方式，具有可操
作性。

一、行政对策

（一）管理组织体系

生态系统管理是协调人与自然之间的矛盾。在管理活动中，政府（包括立法
和司法机构）是生态系统管理最关键、最重要的主体，从政府角度，实施生态系
统管理主要有行政手段、法律手段、经济手段、社会学手段和科学手段等，它们
构成一个相互联系的完整的管理方法体系。在生态系统管理、生态保护和建设方
面，各个部门都有所侧重，生态系统的复杂性和完整性客观上需要在管理中具有
综合性和协调性。

国家层面与生态系统管理关系较为密切的部门可以分为两类，即立法监督机
关和行政管理机关，行政管理机关又可以进一步分为行业管理部门（如国家林业
局）、统一监管部门（如环境保护部）和综合管理部门（国家发展和改革委员会）。

对马泉国有林场的管理可以设置 4 级管理的体系，分为：①国家级：国家林业局，是全国最高的林业行政管理机构，负责研究拟定有关森林生态环境的建设、森林的资源保护等方面的方针和政策，组织起草相关的法律法规并进行监督实施，同时还要负责国家林业系统未来的发展战略、中长期发展规划并进一步组织实施，并指导全国林业队伍的建设。②省级：贯彻执行获国家林业发展的方针、政策和法律法规，组织起草地方性林业法规政府规章。国有林分散于全国各省，各省级政府对各自省内国有林负责经营管理，其主要职责是指导全省林业经济体制改革，管理省级各项资金，监督全省对于林业方面的各项资金的管理和使用，组织指导省内林业科技创新工作及科研成果的推广应用。③市级：主要职责是落实上级发布的各项林业计划，组织制定相关的森林经营方案计划，并负责监督管理相关生产单位的森林经营和木材生产等工作，与此同时还要监督公益林所有者在各相关林业政策方面的指导和管理。④支级：森林管理局下设有各国有林场，简称林场，属于生产单位，主要任务是负责从事植树造林、森林培育、保护和利用等，从而扩大森林面积，提高森林质量，发挥林地的生产潜力，同时县级以上林业主管部门应当按照行政隶属关系，组织编制所属林场的发展规划。

同样也可以在县级政府层面，借鉴四川省宝兴县开展生态系统管理的经验和做法，在中西部地区部分县级政府开展生态系统管理试点，提高县域层面生态保护与建设工作的统筹管理能力，提高生态系统管理的有效性和效率。

同时可以对马泉林场场长实行任期制，每届任期 5 年。任期开始时即需要制定任期内的总计划以及年度内的分计划，并向相关上级单位讨论汇报。同时，上级领导单位要定期督查林场管理的情况，如果考核优秀可给予奖励。

（二）执行机构的设置

生态系统管理方面的关键执行机构包括政府、国家公共机构和国家及国际非政府组织等。根据马泉国有林场现有的管理状态以及生态系统管理思想的深入，可以考虑设立一个专门的管理机构，从各个相关职能部门（例如林业、国土资源等）抽调专门的领导和技术人员组成，对林场进行统筹规划和分项管理。同时应当注意的是该专门的管理机构并不能从属与某一机构组织，以避免各相关部门的利益冲突。

在这个理念层面上即可成立马泉林场林业委员会，就制定森林、树木及其产品的管理政策提出咨询意见，并审议当前林场状况与预期效果之间的差距，提出可能采取的行动。这样林场场长及上级有关单位可以根据委员会反映的问题与提出的意见综合考虑，为林场进一步的优化提供可靠的依据。同时定期的根据新出现的政策和技术问题，寻求解决方案并及时采取适当行动。

(三)法制建设

根据当前森林资源经营中存在的问题和薄弱环节，应进一步加大森林资源保护管理的力度，调整和完善有关的政策和机制，加强科学管理，提升管理和监测水平(张於倩等，2004)。

加强林业政策的研究，不断地完善林业政策体系，强化政策法规宣传，加大检查力度。同时，林场部门要加强对林业执法人员的业务技能水平，特别是法律法规及政策的培训，从而提高执法水平。在林场管辖范围内的林区，要严格执行"严管林、慎用钱、质为先"的原则，要用法律为武器打击破坏森林资源的各种违规行为；要用法律制度来规范林场管理中的各项工作；要对林场的领导干部、职工和森林公安民警执法人员加强林业法制宣传教育，坚持和完善法律知识考试考核制度，将林业行政执法人员依法办事和法律知识考试考核成绩作为其任职、晋升的重要依据。

同时可以在我国现有的森林法指导的基础下，对林地管理、政府自制等方面的问题，林场编制有益于自身发展的森林计划。同时也可以对一些技术问题，如林木引种、采伐方式、死亡立木等进行明确的规定，保证林场资源的经营按照既定的方针与目标实施。

二、社区对策

(一)社区管理

人类是生物生产力的最终使用者，并且随着人口数量和消费(特别是能源)继续增加，人类的影响将越来越大。但与此相矛盾的是资源不是无限的，如果公众不能协调环境和社会之间的平衡，则会加速环境恶化，激化社会矛盾。在生态系统管理中我们必须要考虑到人类的因素，此外别无选择。在这个层面上说，生态系统管理始终是社会中不同利益集团之间代价和利益的分配问题。

生态系统管理不仅需要科学知识基础，而且它必须把对生态系统功能以及人类利用所进行的研究和理解统一起来。所以，公众的价值观影响着生态系统管理进行的方法，公众参与性和主动性也同样在一定程度上影响着生态系统管理理念的实施成效。

在林场引入生态系统管理的理论后，对于林场管辖范围内的森林资源，应当由注重覆被率的提高转变为在关注覆被率的同时，更加注重生态系统的集约经营，迅速提高生产力为主要任务的新阶段。在提高森林生态系统生产力的同时，不能忽视森林生态系统的文化服务，实现森林效益的最大化。

(二)社区共建

在德国有个词叫做"森林教育"，这种教育活动面向社会，尤其是青少年。

同时德国也很重视这方面的社会教育工作，开展这方面的教育活动，政府各级林业机构、相关协会及生物圈保护区等都积极参与。因此在这个层面上，我们的林业发展也可以学习德国的公众参与的做法，面向社会公众，尤其是对青少年的宣传教育。

此外，企业是生态系统管理的受益者，同样也是损坏者，更应该是贡献者，推行企业社会责任是生态系统管理的重要组成部分，规范企业生产经营行为；社区是生态系统管理的直接受益者，也是维护者和监督者，需要加强社区的能力建设，将生态系统管理的理论渗透在林场下属经营的松香厂和种苗建设中去。

马泉国有林场在新的经营规划方案中将建设松香厂作为林场合理利用资源、拓宽经济来源的一个途径，将尊重自然、合理开发和保护与发展并重作为松香厂的建设规划原则，规划建设年产60t松香的标准化松香提炼厂，并作为重要的化工原料进行销售。林场的管理人员可以和一些日化企业、造纸厂、涂料油漆企业、建筑材料公司等多种行业领域的企业进行合作和交流，将林场生产出来的高质量的松香作为原料产品进行合作，进一步的拓宽林场经营改革的经济来源，增强林场经营过程中的可持续性。同时也可以为林场周围内的村民提供一个较为便捷的就业机会，共同提高附近居民的经济收入，从而达到社区共建—产业结合这样一个协同发展的机会。

同样的对于林场种苗建设方面，林场本着因地制宜和资源优化利用的基本原则，计划种苗建设规划400亩，主要培育乡土彩叶阔叶树苗，其中包括国槐、香花槐、暴马丁香等，油松、侧柏等营养袋苗木，并对部分乡土树种及花灌木进行移植培育等。同样的，为了促进社区居民的共同发展和进步，林场可以将附件居民作为劳动力的主要来源，定期地对这些居民提供专业培育方面的指导和教授，在一定的潜移默化中不仅提高了林场的生产质量和效率，同时还间接地增强了村民的知识水平，提高了村民的日常收入，改变了村民"靠山吃山"的传统观念，通过林场这些不同的森林经营活动和行为，间接的鼓励了公众积极参与森林资源保护和管理的活动中来，并且加强了这些居民环境保护、法律法规、政策等方面的知识，达到了林场—经济—居民三方和谐发展的理念。

这样的三方协同发展的理念是联系政府、企业和公众的重要纽带，是生态系统管理的积极倡导者、支持者、监督者和实践者，因而林场周围的村民是生态系统管理的一支重要力量。

（三）生态管护

在森林的经营管理中，由于粗放式经营的惯性，以及对森林经营的理论与实践的差异性，通常都缺乏相应的科学技术指导。

在对林场管辖范围内的森林资源的经营中，要在做好资源数量管控的同时，也要加强森林资源质量的管理和生态管护。其本质就是要从重视"森林面积"转换到"森林面积和质量并重，兼顾生态"，再到"森林面积、质量、生态"三位一体综合的管理思路。从宏观上来说，森林生态管护主要是维护人与森林资源的关系，加强落实人类对森林生态系统维护的责任。

对管护监控体系的建设主要重点在积极引导当地村民参与公益林的管护工作，及时反馈公益林的工作进程，通过有效的核查和处理村民反馈回来的信息，督促整个监管活动在一个合理有效的制度下完成。

因此，能够加强对管护人员进行专业培训，提高其保护森林的效率和能力。同时也可以选择在林场管辖范围内的生态公益林交通比较重要的位置上，竖立管护标牌，明确公益林的级别、管护人员、管护区域，提高社会公众对生态林管护的意识。在对油松林进行管护过程中，可以将管护落实到小班，也可以定期开展病虫巡查和监测，发现林木受病虫害时要采取及时有效的措施进行除治，同时也要明确对公益林管护的规章制度，增强公众对森林资源管护的意识和参与性。

同时由于林场辖区内的森林资源全部都是生态公益林，而且还分为特殊生态公益林和重点生态公益林两种。因此对于林场范围内特殊生态公益林是必须要严格保护，同时还要禁止开展一切生产经营活动和人为干扰；而对于林场范围内的一些重点生态公益林是需要对其进行全面封禁或者是定期封禁的，这样的分类经营方式可以有效地改善林场的森林资源，同时还能对林区的人工林进行可持续化的经营活动。

三、经济对策

(一)林场经济来源

"十一五"期间在完成国家天然林保护工程的基础上，林场在结合自身资源条件的基础上，重点发展油松采脂、大苗移植、承揽社会绿化工程等，有力地促进了林场的全面协调可持续发展。

同时由于马泉国有林场属黄河上中游天然林资源保护工程区，近几年来，在完成了国家天保工程的基础上，结合了自身资源条件，重点完成了国债转贷和油松采脂、大苗移植，同时还承揽了许多的社会绿化工程，在一定的程度上弥补了林场的经济不足的状况。

但是还要注意的是，马泉国有林场实施天然林资源保护工程以来，只有造林、封育任务，没有采伐指标，林场经济收入主要靠天保工程的经费来支撑。另外林场利用自身资源特点所发展的一些社会性的产业项目，收入也只能维持日常零星事务，经济收入还是相对偏低。

同时还有个较为关键的问题，即林场的财政来源主要是天保工程，但是天保工程的资金支持会随着工程实施的进展和效果会有多种变动，因而仅仅将其作为林场主要的来源，会有许多的不确定性，因为一旦工程接近尾声或者实施效果比较理想，资金投入也会相应的减少，这样的话林场的资金就会因此而受到较大的影响。因而，如何拓宽林场的经济来源是林场建设过程中一个需要重要考虑的问题。

综合考虑各方面的因素，可以建设生态项目建设的多元投资机制，在优化生态资源的大前提下，有效的建立合理的市场走向。借鉴黄土高原水土保持和退耕还林（草）实践中涌现出的"大户治理"、"绿色信贷"、"工业反哺农业"、"工业投资生态"、"国际援助和贷款"等和生态有关的建设项目，吸收更加多元化的社会资金，促进林场的可持续性经营建设。

同时在马泉国有林场合理经营的范围内，相比较苗木的收入，木材的收入占有相对高的比例，而松香加工厂和苗圃地都还处于建设之中，前期的投资也相对较大。因此在不影响林场建设发展的前提下，要如何平衡收入和建设之间的矛盾和差异，还要在建设和发展这两个方面都有较好的走向是林场生态系统管理方面的重点。

（二）生态效益补偿机制

自然生态效益补偿是自然生态系统的一种适应性属性。生态补偿是为保护生态利益，维护生态平衡与安全，实现生态价值，达到经济效益、社会效益与生态效益一致的生态正义目标，对一切有损生态效益联系的行为进行矫正与弥补的生态化活动。因此，推进生态补偿制度建设，维护生态系统的平衡提供足够的资金保障。《中央森林生态效益补偿基金管理办法》中指出，中央补偿基金是对重点公益林管护者发生营造、抚育、保护和管理指出给予一定补助的专项资金，由中央财政预算安排。中央补偿基金评价补助标准为每年每公顷 75 元，其中 67.5 元用于补偿性支出，7.5 元用于森林防火等公共管护性支出。基本延续了《森林生态效益补助资金管理办法（暂行）》中有关森林生态效益补偿标准的规定。

2010 年沁源县制定了《沁源县地方生态公益林生态效益补偿和保护管理试行办法》。从 2010 年开始，县人民政府设立并启动森林生态效益补偿基金，该补偿资金由煤炭企业可持续发展基金中提取，用于对县内生态公益林的营造、抚育、保护和管理。权限除包括列入国家公益林补偿的 27.5 万亩林地外，还包括地方内其余的有林地、灌木林地以及农户承包经营的有林地、灌木林地、疏林地，以上都列入地方生态公益林范畴，共包括林地 115.7 万亩，灌木林地 63.64 万亩，疏林地 7.9 万亩，总计 187.24 万亩。补偿标准为：有林地每亩 5 元/年，其中包含县级管理费每亩 0.3 元/年，乡级管理费每亩 0.2 元/年，村级管理费每亩 0.1 元/年以及农户或集体补偿费每亩 4.4 元/年；灌木林地、疏林地每亩 1 元/年，其中包含县级管理费每亩 0.05 元/年，乡级管理费每亩 0.03 元/年，村级管理费每亩 0.02 元/年以及农户或集体补偿费每亩 0.9 元/年。

2011 年是"十二五"规划开局之年，是全面落实公益林生态效益补偿项目的关键之年，山西省林管局印发了《山西省公益林生态效益补偿项目 2011 年工作要点》。其中，《工作要点》指出：要进一步落实县级政府目标责任制，将建立市、县两级公益林生态补偿制度作为集体林改一项重要配套政策，抓住机遇，加紧操作，务必要有新突破。进一步落实公益林管护责任制，各级实施单位要根据公益林不同权属，结合实际，在政策允许的基础上，积极探索创新管护机制，确保公益林资源安全。还要贯彻落实《全省森林生态效益补偿基金管理办法实施细则》，切实加强公益林资金管理，不断提高资金使用效益。

根据各项工作规划和要点，林场在实行生态补偿机制时，要坚持可持续发展战略，坚持经济发展和生态保护并重，把经济建设与生态保护有机结合起来，促进经济发展与生态保护和谐发展。同时还要将增强群众的生态效益补偿参与意识，森林的生态效益补偿必须要得到全社会的重视，要注重多以科普教育和大众宣传的方式来提高全社会群众的生态补偿意识，明确国家对森林生态效益补偿的政策以及各项责任、权利、利益分配，使得公众能够积极主动的参与到生态的保护和建设中。

（三）林区的财政收入结构

林业是劳动密集型产业。由于更新造林是比较难降低费用的，因此提高劳动生产率和精简机构是针对采运和管理。马泉国有林场作为基层生产管理的单位，其主要的财政来源是来自政府和税收，资金的比例有限因而在林场自身的发展方面就有所限制。

要科学的经营国有林，可以扩大林场的财政来源，木材也可作为其收入的一部分。基于此需要做到：①坚持有计划的采伐。在完善林业调查规划的基础下，可编制油松二元立木材积表，提高伐区调查设计成果质量。②坚持长轮伐期的方针。由于山地森林周期长，采伐频率小，因而实行长轮伐期。③坚持营林与利用密切结合。可以建立营林档案反映从造林、设计、施工到幼林郁闭的一切营林活动，同时还要间接反映该地区林木资源及变化情况。

当前环境保护和生态建设是全球环境的重点关注问题，要紧紧抓住生态保护这个热点问题的有利时机，开展多种形式的合作和交流，从而扩大宣传，争取更多的资金支持和技术保障。

同时，对林场范围内的动植物资源进行适度的加工和保护，将生态环境的潜在的经济价值转化为一份经济效益，全面改善生态环境质量，促进环境和经济的协调发展，从而实现林场公益林区的可持续发展。具体而言就是可以根据林场范围内的森林资源发展生态旅游，充分利用现有资源，把握市场需求，扩大林场的财政来源渠道。

四、科技对策

（一）林场人员专业技能

在生态系统管理经营的核心是生态系统管理，就这个层面而言可以提高林业管理高层人员的技术水平，优化管理体系。

由于林场管理人员的学历普遍较低，在面对一些林业领域方面的专业知识和专业问题方面，理解上会有偏差，因而会导致处理方式上会不够科学或合理的问题。因而面对这些问题上，可以对国有林管理人员实行林业工程师制度，即要求担任各林业管理局局长及其以上职务的人员必须取得高级林业工程师职业资格证书，担任各国有林林场场长职务的人员必须取得林业工程师职业资格证书，一般管理人员也需要考取助理林业工程师职业资格证书。也就是说在林场的管理层上，即林场场长需要至少取得林业工程师职业资格证书，林场职工也至少要有助理林业工程师职业资格证书，这样对提高林场管理人员的专业水平和职业技能方面就有很大的促进作用。

（二）生态系统的监控体系

在传统的森林经营理论中，森林生态系统监测的方法主要有森林资源连续清查（一类调查）、森林经营调查（二类调查）和作业设计调查（三类调查）。随着对森林资源质量要求的变化，这三种调查方法渐渐的不符合生态系统管理的要求。

作为评估生态系统管理实践的一部分而收集数据的类型和质量决定着管理的类型，这说明仔细考虑每个系统所需的数据是重要的。监测对于生态系统管理极为重要，但也要注重监测的具体对象。同样地，必须愿意接受一些由于尺度和测定方法的错误和科学上还不完善的生态学知识而导致的不精确结果，这强调了对生态系统管理不可缺少的适当尺度的重要性。

促进国家生态系统野外科学观测研究的建设和法则，可以为我国的生态系统管理提供关键科学数据。在森林的资源普查和本底调查的基础上，综合运用生态系统监测研究站的定位观测等。鄱阳湖和黄土高原等地的生态建设和保护项目说明，长期生态系统监测与研究至关重要。根据国内的案例，可以在林场范围内实行生态系统监控。

但是，目前林场仅有一部监控设备安装在通往林区的交通枢纽处的制高点，但是由于林场森林资源覆盖的面积较大，同时也较为分散，因而有可能在出现问题的时候没有能够较为及时的发现并解决。因而在林场的监测体系下，可以依照以下的方式对林场范围的监测体系进行逐级完善：

首先，在林场森林资源范围内根据本底资料和实地勘察，选取一些具有代表性的样地，设立科研监测站点和实验站。

其次，根据林场范围内的森林资源现状，参考国内外的监控方法和数据，对林场森林资源进行一些实时监测。常用的常规定位监测指标有以下四类，包括水分、土壤、大气和生物因子等。水分因子包括：土壤含水量、地下水位、地表水水质、地下水水质、雨水水质、生态系统蒸散量、水面蒸发量等；土壤因子包括：土壤有机质、氮、磷、土壤物理结构、土壤微量元素、土壤重金属等；大气因子包括：风向、风速、温度、湿度、大气压、土壤湿度、降水、辐射、日照时数等；生物因子包括：植被类型、生境、植物群落、凋落物、叶面积、生物量、土壤微生物等。

在监测技术上，充分运用"3S"技术（GIS、RS、GPS），及时地掌握森林生态环境的变化情况，以便于林场管理提高有效的信息咨询。在监测制度上也可以借鉴鄱阳湖湿地监测年报制度。在林场的监测管理中，定期公布生态状况监测的结果，将林场区域范围内的森林生态环境状况以及产生的原因进行综合分析，为林场及上层管理机构作为评估的依据，逐步从实时性的监测转入导向性的监控，进而优化生态系统管理的监测体系。

同样的，在实际的监测方案的实施过程中，由于实时监测的环境的变化，加之森林的生态系统的复杂性和不确定性，可以及时的测方案，适应性的监测方法和内容。而且也可以在对林场森林资源状况进行监测时，根据森林经营活动的规模和强度，以及受环境影响的相对复杂性及脆弱性，来确定监测的频率和强度。

（三）生态系统的健康维护

生态系统健康是一门交叉学科，它综合社会科学、自然科学和健康科学的知识。Rapport认为生态健康（ecosystem health）是一个生态系统所具有的稳定性和可持续性，即在时间上具有维持其组织结构、自我调节和对胁迫的恢复能力。而评价生态系统健康的指标包括其完整性、适应性和效率。基于此在对马泉国有林场的生态系统健康指标中可以从林火、病虫害和生态采伐三个方面分析。

1. 生态系统林火管理

森林林火是森林生态系统中的重要生态因子，影响群落组成，如我国东北大兴安岭兴安落叶松林与白桦的更新与火灾有关。

在林场管辖区域内的生态公益林基本都是人工林，但是由于人工林的结构相对简单，因而抗火能力差。而且林区面积大，如果发生火灾问题，有时会因为区域过大而不能及时灭火。因此为了提高预防和扑救森林火灾的综合能力，林场已经建设林火远程视频监控和火灾预警系统。通过24h的视频监控系统，林场工作人员在监控中心即可以在林场区域内的森林资源进行全方位的实时监控。一旦发现火情，系统会自动报警。工作人员在确认位置后，会在第一时间通知林场消防专业队，快速并有效地将火灾消灭在初始状态，最大限度地减少火灾造成的损失，减少人、财、物的投入。

首先，可以建造一些林火阻隔通道，通过建立完善的林火阻隔网络体系，预防森林火灾的发生。可以建议将林场阻隔道分为防火线、防火沟、防火林带和防火墙这四种类型。其次，可以建设瞭望台，根据森林面积和公益林分布情况，布点设置瞭望台，从而形成了能覆盖森林整体的网络体系。

2. 病虫害管理

林场基本为油松纯林，极易发生病虫害和森林火灾。1971 年，曾有 200hm^2 油松林发生了松毛虫害；1977 年春，与龙泉林场相邻地带失火，蔓延到三个乡，成灾面积达 93.9hm^2，损失相当的严重。

由于山西省特殊的地理位置和环境比较适合生长油松，而且全国最好的油松林就在山西。但是影响油松林频率最高的病虫害是红脂大小蠹。全省的红脂大小蠹虫害曾在 1999 年较大范围的爆发过。

由于近年来全球气温的逐渐上升，高温干旱的气候环境和大面积单一的林分组成结构，非常有利于森林病虫害的繁衍滋生。因此可以建立生态系统病虫害监测网。通过植物叶片的各种变化，利于不同变化的光谱学效应，加上遥感等技术实施大面积的实时监测。

可以建立森林病虫害防治和植物检疫设施，设立森林病虫鼠害防治检疫站，包括一些实验室、标本室，以及相应的检疫仪器设备、资料档案室和相关的交通工具等。同时还要确定病虫害管理防治指标，做到及时发现、阻止，防范病虫害的发生，减少损失，并将森林病虫害控制在正常水平之下。

3. 生态采伐

为科学合理经营森林，实行森林分类经营，根据《山西省林业发展区划三级区报告》及《太岳林区生态功能区划》结合本局的森林资源分布、自然条件、社会经济条件、生态环境面临的突出矛盾和问题将全县划分为 11 个森林功能区，从北到南依次为：①绵山保护林区。②汾河东岸水源涵养林区。③汾河东岸水土保持林区。④亚高山草甸保护区。⑤霍山自然保护林区。⑥水土流失严重林区。⑦沁河源头西部水源涵养林林区。⑧沁河源头东部水源涵养林林区。⑨沁河上游西部水源涵养林林区。⑩沁河上游东部水源涵养林林区。⑪灵空山自然保护林区。其中马泉国有林场属于沁河上游东部水源涵养林林区。

按照沁源县全县功能区划马泉国有林场处于沁河上游东部水源涵养林林区，从林种划分上均为生态公益林，其森林经营类型划分为天然水源涵养林和人工水源涵养林两个大的经营类型。其中：①天然水源涵养林区主要以涵养水源为主，合理培育和调节林分结构，采取适当的抚育方式，充分发挥天然林涵养水源的作用。②人工水源涵养林区主要以涵养水源为主，采取适当的抚育方式，合理培育和调节林分结构，充分发挥林区内人工林面积多的优势，做出科学合理的人工林保护和利用模式，充分发挥人工林涵养水源的作用。

（四）科研合作

西北部森林计划为了探索新的林业生产和管理模式，设立了 10 个适应性经营区（林群，2008）。林场可以效仿西北部森林计划，鼓励大学或是科研机构等在林场的公益林区域内设立一些典型的科研研究区，研究区内可以进行不同实验性的营林技术或是创新的采伐计划，通过这种实验性的方式，结合林场的实际情况，从而制定更佳有效的森林资源经营方案，并根据不同的情况变化适时调整，从而完善森林经营方案，为林场提供更加高效的管理模式。

参考文献

[1]白晋华，胡振华，郭晋平．华北山地次生林典型森林类型枯落物及土壤水文效应研究[J]．水土保持学报，2009，23(2)：85－89.

[2]陈峰，韩鹏程，徐金娥．多功能林业在城郊造林绿化中的应用[J]．内蒙古林业，2011，9：26－27.

[3]陈龙池，汪思龙，陈楚莹．杉木人工林衰退机理探讨[J]．应用生态学报，2004，15(10)：1953－1957.

[4]程先富，史学正，于东升，等．兴国县森林土壤有机碳库及其与环境因子的关系[J]．地理研究，2004，23(2)：211－217.

[5]程小琴，韩海荣，康峰峰．山西油松人工林生态系统生物量、碳素积累及其分布[J]．生态学杂志，2012，31(10)：2455－2460.

[6]崔启武，孙纪正，李国献，等．森林永续经营利用数学模型的探讨[J]．林业科学，1980，S1：9－17.

[7]单建平，陶大力，王淼，等．长白山阔叶红松林细根周转的研究[J]．应用生态学报，1993，4(3)：241－245.

[8]刁俊明，陈桂珠．盆栽桐花树对不同遮光度的生理生态响应[J]．生态学杂志，2011，30(4)：656－663.

[9]丁圣彦，卢训令，李昊民．天童国家森林公园常绿阔叶林不同演替阶段群落光环境特征比较[J]．生态学报，2005，25(11)：70－75.

[10]董世仁，郭景唐，满荣洲．华北油松人工林的透流、干流和树干截留[J]．北京林业大学学报，1987，9(1)：58－68.

[11]杜闽佳，周金成．生态林业建设面临的问题及解决措施[J]．中国新技术新产品，2010，10：198.

[12]杜晓军，姜凤岐，沈慧，等．辽西油松林水土保持效益评价[J]．生态学报，2003，23(12)：2531－2539.

[13]段文霞，朱波，刘瑞，等．人工柳杉林生物量及其土壤碳动态分析[J]．北京林业大学学报，2007，29(2)：55－59.

[14]范宇，刘世全，张世熔，等．西藏地区土壤表层和全剖面背景有机碳库及其空间分布[J]．生态学报，2006，26(9)：2834－2846.

[15]方华，孔凡斌．火炬松林生物量与叶面积指数模型的研究[J]．福建林学院学报，2003，23(03)：280－283.

[16]方晰，田大伦，项文化，等. 第二代杉木中幼林生态系统碳动态与平衡[J]. 中南林学院学报，2002，22(1)：2 - 6.

[17]方运霆，莫江明，Brown S，等. 鼎湖山自然保护区土壤有机碳贮量和分配特征. 生态学报，2004，24(1)：135 - 142.

[18]冯瑞芳，杨万勤，张健. 人工林经营与全球变化减缓[J]. 生态学报，2006，26(11)：3870 - 3877.

[29]冯云，马克明，张育新，等. 辽东栎林不同层植物沿海拔梯度分布的 DCCA 分析[J]. 植物生态学报，2008，32：568 - 573.

[30]耿玉清，余新晓，岳永杰，等. 比京山地针叶林与阔叶林土壤活性有机碳库的研究[J]. 北京林业大学学报，2009，(5)：19 - 24.

[21]郭东罡，上官铁梁，白中科，等. 山西太岳山油松群落对采伐干扰的生态响应[J]. 生态学报，2011，31(12)：3296 - 3307.

[22]郭海燕，葛剑平，李景文. 中国红松林生态学研究文献概述[J]. 东北林业大学学报，1995，23(3)：57 - 62.

[23]郭汉清，白秀梅. 三种主要森林类型枯落物水文效应研究[J]. 山西水土保持科技，2006，2：13.

[24]郭景唐，刘曙光. 华北油松人工林树枝特征函数对干流量影响的研究[J]. 北京林业大学学报，1988，10(4)：11 - 16.

[25]国家林业局. 中国林业年鉴[M]. 北京：中国林业出版社，2005.

[26]何帆，王得祥，雷瑞德. 秦岭火地塘林区四种主要树种凋落叶分解速率[J]. 生态学杂志，2011，30(3)：521 - 526.

[27]何平，高荣孚，汪振儒. 光状况对油松苗生长和特性的影响[J]. 生态学报，1993，13(1)：91 - 95.

[28]胡启鹏，郭志华，李春燕，等. 不同光环境下亚热带常绿阔叶树种和落叶阔叶树种幼苗的也形态和光合生理特征[J]. 生态学报，2008，28(7)：3261 - 3270.

[29]黄承标，温远光，李信贤. 田林老山常绿落叶阔叶混交林气候及水文效应的研究[J]. 广西农业生物科学，1991，(4)：52 - 63.

[30]黄三祥，张赟，赵秀海. 山西太岳山油松种群的空间分布格局[J]. 福建林学院学报，2009，29：269 - 273.

[31]霍常富，孙海龙，王政权，等. 光照和氮营养对水曲柳苗木光合特性的影响[J]. 生态学杂志，2008，27(8)：1255 - 1261.

[32]焦如珍，杨承栋，屠星南，等. 杉木人工林不同发育阶段林卜植被、土壤微生物、酶活性及养分的变化[J]. 林业科学研究，1997，(4)：34 - 40.

[33]李国雷，刘勇，于海群，等. 油松人工林下植被发育对油松生长节律的响应[J]. 生态学报，2009，29(3)：1264 - 1275.

[34]李海山，吴庆辉，王同月. 国有林场改革思路初探[J]. 河北林业科技，2005，5：46.

[35]李剑泉，陈绍志，李智勇. 国外多功能林业发展经验及启示[J]. 浙江林业科技，2011，

31(5)：69 - 75.

[36]李苗，李凯荣，杨晓毅，等. 淳化县人工油松林林分结构及林下植物多样性研究[J]. 水土
　　保持研究，2010，17(6)：142 - 147.

[37]李星. 亚洲各国/地区森林资源数据[J]. 世界林业研究，2007，20(1)：82.

[38]李亚军. 永续利用到林业可持续发展的历史性转变[J]. 中小企业管理与科技，2008，7：
　　217 - 218.

[39]李意德，吴仲民，曾庆波，等. 尖峰岭热带山地雨林生态系统碳平衡的初步研究[J]. 生
　　态学报，1998，18(4)：371 - 378.

[40]李忠，孙波，林心雄. 我国东部土壤有机的密度及转化的控制因素[J]. 地理科学，2001，
　　21(4)：301 - 307.

[41]梁文俊，丁国栋，臧荫桐，等. 华北土石山区油松林对降雨再分配的影响[J]. 水土保持
　　研究，2012，19(4)：77 - 80.

[42]廖利平，杨跃军，汪思龙，等. 杉木(*Cunninghamia lanceolata*)火力楠(*Michelia mac-
　　clurei*)纯林及其混交林细根分布、分解与养分归还[J]. 生态学报，1999，19(3)：
　　342 - 346.

[43]林开敏，俞新妥，洪伟，等. 杉木人工林林下植物对土壤肥力的影响[J]. 林业科学，
　　2001，37(1)：94 - 98.

[44]林群，张守攻，江泽平，等. 国外森林生态系统管理模式的经验与启示[J]. 世界林业研
　　究，2008，21(5)：1 - 6.

[45]刘焕武. 实现林业产业化必须加强林业基地建设[J]. 湖南林业，1996，12(9)：15.

[46]刘姝媛，刘月秀，叶金盛，等. 广东省桉树人工林土壤有机碳密度及其影响因子[J]. 应
　　用生态学报，2010，21(8)：1981 - 1985.

[47]刘于鹤. 我国林业调查规划工作的回顾与展望[J]. 林业科学研究，1989，2(4)：
　　369 - 375.

[48]鲁如坤. 土壤农业化学分析方法[M]. 北京：中国农业科技出版社，2000.

[49]吕超群，孙书存. 陆地生态系统碳密度格局研究概述[J]. 植物生态学报，2004，28(5)：
　　692 - 703.

[50]马子清，上官铁梁，腾崇德. 山西植被[J]. 北京：中国科学技术出版社，2001.

[51]米湘成，张金屯，张峰，等. 山西高原植被与土壤分布格局关系的研究[J]. 植物生态学
　　报，1999，23(4)：336 - 344.

[52]莫菲，于澎涛，王彦辉，等. 六盘山华北落叶松林和红桦林枯落物持水特征及其截持降
　　雨过程[J]. 生态学报，2009，29(6)：2868 - 2876.

[53]齐记，史宇，余新晓，等. 北京山区主要树种枯落物水文功能特征研究[J]. 水土保持研
　　究，2011，18(3)：73 - 77.

[54]秦松，樊燕，刘洪斌，等. 地形因子与土壤养分空间分布的相关性研究[J]. 水土保持研
　　究，2007，14(4)：275 - 279.

[55]任海，李志安，申卫军，等. 中国南方热带森林恢复过程中生物多样性与生态系统功能

的变化[J]. 中国科学 C 辑声明科学, 2006, 36(6): 563 – 569.

[56] 莎仁图雅, 田有亮, 郭连生. 大青山区油松人工林降雨分配特征研究[J]. 干旱区资源与环境, 2009, 23(6): 157 – 160.

[57] 邵月红, 潘剑君, 孙波. 不同森林植被下土壤有机碳的分解特征及碳库研究[J]. 水土保持学报, 2005, (3): 24 – 28.

[58] 史军, 刘纪远, 高志强, 等. 造林对土壤碳储量影响的研究[J]. 生态学杂志, 2005, 24(4): 410 – 416.

[59] 宋子炜, 郭小平, 赵廷宁, 等. 北京山区油松林光辐射特征及冠层结构参数[J]. 浙江林学院学报, 2009, 26(01): 38 – 43.

[60] 孙维侠, 史学正, 于东升, 等. 我国东北地区土壤有机碳密度和储量的估算研究[J]. 土壤学报, 2004, 41(2): 298 – 301.

[61] 王丹, 王兵, 戴伟, 等. 不同发育阶段杉木林土壤有机碳变化特征及影响因素[J]. 林业科学研究, 2009, 22(5): 667 – 671.

[62] 王国宏, 杨利民. 祁连山北坡中段森林植被梯度分析及环境解释[J]. 植物生态学报, 2001, 25(6): 733 – 740.

[63] 王洪霞, 王瑞瑜, 王恩启, 等. 对森林永续经营利用理论的浅议[J]. 山东林业科技, 2001(sup.): 185 – 186.

[64] 王慧, 郭晋平. 中国人工林现状及其近自然经营[J]. 现代农业科学, 2008, 15(10): 124 – 125.

[65] 王建林, 温学发, 赵凤华, 等. CO_2 浓度倍增对 8 种作物叶片光合作用、蒸腾作用和水分利用效率的影响[J]. 植物生态学报, 2012, 36(5): 438 – 446.

[66] 王绍强, 周成虎, 刘纪远, 等. 东北地区陆地碳循环平衡模拟分析[J]. 地理学报, 2001, 56(4): 390 – 400.

[67] 王士永, 余新晓, 贾国栋, 等. 北京山区主要人工林枯落物水文效应[J]. 中国水土保持科学, 2011, 9(5): 42 – 47.

[68] 王世雄, 王孝安, 李国庆, 等. 陕西子午岭植物群落演替过程中物种多样性变化与环境解释[J]. 生态学报, 2010, 30(6): 1638 – 1647.

[69] 王希群, 马履一, 贾忠奎, 等. 叶面积指数的研究和应用进展[J]. 生态学杂志, 2005, 24(05): 537 – 541.

[70] 王燕, 王兵, 赵广东, 等. 江西大岗山 3 种林型土壤水分物理性质研究[J]. 水土保持学报, 2008, 22(1): 151 – 153.

[71] 王宇滨, 孙启波. 论森林永续利用思想的发展[J]. 中国林副特产, 2005, 3(76): 86.

[72] 王云贺, 韩忠明, 韩梅, 等. 遮阴处理对东北铁线莲生长发育和光合特性的影响[J]. 生态学报, 2010, 30(24): 6762 – 6770.

[73] 王震洪, 段昌群, 文传浩, 等. 滇中三种人工林群落控制土壤侵蚀和改良土壤效应[J]. 水土保持通报, 2001, 21(2): 23 – 27.

[74] 王志杰, 高洁. 能值生态足迹对我国区域可持续发展状态比较研究[J]. 西南师范大学学

报(自然科学版), 2013, 38(2): 54 - 60.

[75]尉海东, 马祥庆. 不同发育阶段马尾松人工林生态系统碳贮量研究[J]. 西北农林科技大学学报(自然科学版), 2007, 35(1): 171 - 174.

[76]温远光, 陈放, 刘世荣, 等. 广西桉树人工林物种多样性与生物量关系[J]. 林业科学, 2008, 44(4): 14 - 19.

[77]肖春波, 王海, 范凯峰, 等. 崇明岛不同年龄水杉人工林生态系统碳储量的特点及估测[J]. 上海交通大学学报(农业科学版), 2010, 28(1): 30 - 34.

[78]肖洋, 陈丽华, 余新晓, 等. 北京密云水库油松人工林对降水分配的影响[J]. 水土保持学报, 2007, 21(3): 154 - 157.

[79]徐秋芳, 钱新标, 桂祖云. 不同林木凋落物分解对土壤性质的影响[J]. 浙江林学院学报, 1998, 15(1): 27 - 31.

[80]徐侠, 陈月琴, 汪家社, 等. 武夷山不同海拔高度土壤活性有机碳变化[J]. 应用生态学报, 2008, 19(3): 539 - 544.

[81]徐兴利, 金则新, 何维明, 等. 不同增温处理对夏蜡梅光合特性和叶绿素荧光参数的影响[J]. 生态学报, 2012, 32(20): 6343 - 6353.

[82]徐扬, 刘勇, 李国雷, 等. 间伐强度对油松中龄人工林林下植被多样性的影响[J]. 南京林业大学学报(自然科学版), 2008, 32(3): 135 - 138.

[83]许大全. 光合作用效率[M]. 上海: 上海科学技术出版社, 2002.

[84]闫美芳, 张新时, 江源, 等. 主要管理措施对人工林土壤碳的影响[J]. 生态学杂志, 2010, 29(11): 2265 - 2271.

[85]阳含熙. 植物与植物的指示意义[J]. 植物生态学与地植物学丛刊, 1963, 1(2): 24 - 30.

[86]杨学民, 姜志林. 森林生态系统管理及其与传统森林经营的关系[J]. 南京林业大学学报(自然科学版), 2003, 27(4): 91 - 94.

[87]姚茂和, 盛炜彤, 熊有强. 林下植被对杉木林地力影响的研究[J]. 林业科学研究, 1991, 4(3): 246 - 252.

[88]尹锴, 崔胜辉, 赵千钧, 等. 基于冗余分析的城市森林林下层植物多样性预测[J]. 生态学报, 2009, 29(11): 6085 - 6094.

[89]于立忠, 朱教君, 孔祥文, 等. 人为干扰(间伐)对红松人工林林下植物多样性的影响[J]. 生态学报, 2006, 26(11): 3757 - 3764.

[90]余敏, 周志勇, 康峰峰, 等. 山西灵空山小蛇沟林下草本层植物群落梯度分析及环境解释[J]. 植物生态学报, 2013, 37(5): 373 - 383.

[91]余雪标, 徐大平, 龙腾, 等. 连栽桉树人工林生物量及生产力结构的研究[J]. 华南热带农业大学学报, 1999, 5(2): 10 - 17.

[92]俞肖剑, 朱卫平, 朱海燕. 浙江森林采伐分类经营和分区施策初步设想[J]. 浙江林业科技, 2005, 25(6): 72 - 75.

[93]曾杰, 郭景唐. 太岳山油松人工林生态系统降雨的第一次分配[J]. 北京林业大学学报, 1997, 19(3): 21 - 27

[94]张昌顺，李昆．人工林地力的衰退与维护研究综述[J]．世界林业研究，2005，18(1)：17－21．

[95]张城，卞绍强，于贵瑞，等．中国东部地区典型森林类型土壤有机碳储量分析[J]．资源科学，2006，(2)：97－103．

[96]张鼎华，叶章发，王伯雄．"近自然林业"经营法在杉木人工幼林经营中的应用[J]．应用与环境生物学报，2001，7(3)：219－223．

[97]张峰，张金屯，张峰．历山自然保护区猪尾沟森林群落植被格局及环境解释[J]．生态学报，2003，23(3)：421－427．

[98]张小全，吴可红．森林细根生产和周转研究[J]．林业科学，2001，37(3)：126－138．

[99]张於倩，王玉芳．林业生态建设的成效、问题及对策[J]．林业经济问题，2004，24(4)：227－230．

[100]赵焕胤，朱劲伟．半干旱地区油松人工林带降水截留作用分析．东北林业大学学报，1997，25(6)：66－70．

[101]郑小贤．森林文化、森林美学与森林经营管理[J]．北京林业大学学报，2001，23(2)：93－95．

[102]中国土壤学会农业化学专业委员会．土壤农业化学常规分析方法[M]．北京：科学出版社，1983：105－107．

[103]周霆，盛炜彤．关于我国人工林可持续问题[J]．世界林业研究，2008，21(3)：49－53．

[104]周玉荣，于振良，赵士洞．我国主要森林生态系统碳储量和碳平衡[J]．植物生态学报，2000，24(5)：518－522．

[105]朱光旦，林军，沈中建，等．马尾松毛虫质性多角体病毒单克隆抗体的制备和应用[J]．林业科学，1999，35(1)：60－65．

[106]Fisher R. J.，胡延杰．森林经营中的地方分权和权力下放[J]．林业与社会，2002，2：26－28．

[107]Aubert M，Alard D，Bureau F. Diversity of plant assemblages in managed temperate forests：a case study in Normandy（France）[J]. Forest Ecology and Management，2003，175：321－337．

[108]Barbier S，Gosselin F，Balandier P. Influence of tree species on understory vegetation diversity and mechanism involved：A critical review for temperate and boreal forests[J]. Forest Ecology and Management，2008，254：1－15．

[109]Baties N H. Total carbon and nitrogen in the soils of the world[J]. European Journal of Soil Science，1996，47：151－163．

[110]Borcard D，Legendre P，Drapeau P. Partialling out the spatial component of ecological variation [J]. Ecology，1992，73：1045－1055．

[111]Brosofske KD，Chen J，Crow TR. Understory vegetation and site factors：implications for a managedWisconsin landscape[J]. Forest Ecology and Management，2001，146：75－87．

[112]Cao J X，Tian Y，Wang X P，et al. Labile organic carbon pool of forest soil in the Badaling

mountainous area of Beijing[J]. 3rd International Conference on Environmental and Computer Science, 2010, (4): 323 – 326.

[113]Dai Y J, Shen Z G, Liu Y, W ang L L, H annaw ay D, Lu H F. Effects of shade treatments on the photosynthetic capacity, chlorophyll fluorescence, and chlorophyll content of Tetra stigm a hemsleyanum Diels et Gilg [J]. Environmental and Experimental Botany, 2009, 65: 177 – 182.

[114]Farquhar G D, Sharkey T D. Stomatal conductance and photosynthesis[J]. Annual Review of Plant Physiology, 1982, 33: 317 – 345.

[115]Fernández M E, Gyenge J E, Salda G D, et al. Silvopastoral systems in northwestern Patagonia. I: growth and photosynthesis of Stipa speciosa under different levels of Pinus ponderosa cover[J]. Agroforestry Systems, 2002, 55(1): 27 – 35.

[116]Givnish T J, Monigomery R A and Goldstein G. Adaptive radiation of photosynthetic physiology in the Hawaiian Lobeliads : light regimes, static light responses, and whole plant compensation points[J]. American Journal of Botany, 2004, 91 (2) : 228 – 246.

[117]Gracia M, Montané F, Piqué J, et al. Overstory structure and topographic gradients determining diversity and abundance of understory shrub species in temperate forests in central Pyrenees (NE Spain)[J]. Forest Ecology and Management, 2007, 242: 391 – 397.

[118]Grigal D F, Berguson W E. Soil carbon changes associated with short-rotation systems[J]. Biomass and Bioenergy, 1998, 14(4): 371 – 377.

[119]Hunt SL, Gordon AM, Morris DM, et al. Understory vegetation in northern Ontario jack pine and black spruce plantations: 20 – year successional changes[J]. Canadian Journal of Forest Research, 2003, 33: 1791 – 1803.

[120]Jandl R, Lindner M, Vesterdal L, et al. How strongly can forest management influence soil carbon sequestration? [J] Geoderma, 2007, 137: 253 – 268.

[121]Knoepp J D, Swank W T. Forest management effects on surface soil carbon and nitrogen [J]. Soil Science Society of American Journal, 1997, 61(3): 928 – 953.

[122]Lal R. Forest soils and carbon sequestration[J]. Forest Ecology and Management, 2005, 220: 242 – 258.

[123]Lal R. Long-term tillage and maize monoculture effect s on a tropical Alisol in western Nigeria. II. Soil chemical properties[J]. Soil & Tillage Research, 1997, 42: 161 – 174.

[124]Lal R. Soil carbon sequestration to mitigate climate change[J]. Geoderma, 2004, 123: 1 – 22.

[125]Liu Y Q, Sun X Y, Wang Y, Liu Y. Effects of shades on the photosynthetic characteristics and chlorophyll fluorescence parameters of Urticadioica [J]. Acta Ecologica Sinica, 2007, 27 (8) : 3457 – 3464.

[126]Marland G, Garten Jr C T, Post W M, et al. Studies on enhancing carbon sequestration in soils [J]. Energy, 2004, 29: 1643 – 1650.

[127]McClaugherty C A, Aber J D. The role of fine roots in the organic matter and nitrogen budgets of

two forested ecosystem[J]. Ecology, 1982, 63(5): 1481 – 1990.

[128] Osone Y, Tateno M. Nitrogen absorption by roots as a cause of interspecific variations in leaf nitrogen concentration and photosynthetic capacity [J]. Functional Ecology, 2005, 19: 460 – 470.

[129] Paul K I, Polglase P J, Richards G P. Sensitivity analysis of Predicted change in soil carbon. Following afforestation[J]. Ecological Modelling, 2003, 164(2 – 3): 137 – 152.

[130] Response of plant growth to elevated CO_2: a review on the chief methods and basic conclusions based on experiments in the external countries in past decade[J]. Acta Phytoecologica Sinica,, 1997, 21, 489 – 502.

[131] Siefert A, Ravenscroft C, Althoff D, et al. Scale dependence of vegetation – environment relationships: A meta – analysis of multivariate data[J]. Journal of Vegetation Science, 2012, 23: 942 – 951.

[132] Sims D A, Seemann J R, Luo Y. The significance of differences in the mechanisms of photosynthetic acclimation to light, nitrogen and CO_2 for return on investment in leaves[J]. Functional Ecology, 1998, 12: 185 – 194.

[133] Thomsen R P, Svenning J C, Balslev H. Overstorey control of understory species composition in a near – natural temperate broadleaved forest inDenmark[J]. Plant Ecology, 2005, 181: 113 – 126.

[134] Turner J. Lambert M. Change in organic carbon in forest plantation soils in eastern Australia[J]. Forest Ecology and Management, 2000, 133(3): 231 – 247.

[135] van Couwenberghe R, Collet C, Lacombe E, et al. Gap partitioning among temperate tree species across a regional soil gradient in windstorm – disturbed forests[J]. Forest Ecology and Management, 2010, 260: 146 – 154.

[136] Verma R K, Kapoor K S, Rawat R S, et al. Analysis of plant diversity in degraded and plantation forests in Kunihar Forest Division of Himachal Pradesh[J]. Indian Journal of Forestry, 2005, 28: 11 – 16.

[137] Walters M B, Field C B. Photosynthesis light acclimation in two rainforest Piper species with different ecological amp litudes[J]. Oecologia, 1987, 72: 449 – 456.

[138] Wang C, Bond-Lamberty B, Gower S T. Soil surface CO_2 flux in a boreal black spruce fire chronosequence[J]. Journal of Geophysical Research, 2002, 108(D3): art. no. 8224.

[139] W R Stogsdill J R, R F Wittwer, T C Hennessey. Relationship between through-fall and stand density in a Pinus taeda plantation [J]. Forest Ecology and Management, 1989, 29: 105 – 113.

[140] Zhu J J, Liu Z G. A review on disturbance ecology of forest [J]. Chinese Journal of Applied Ecology, 2004, 15: 1703 – 1710.